职业教育建筑类专业系列教材

土木工程概论

主 编 赵 杉 闫 蕾
参 编 张 林 杨渝青 李玉洁

机械工业出版社

本书围绕高职高专土木工程相关专业人才的培养目标和培养方案要求，并结合高等职业教育的教学特点和专业需要而编写。本书主要介绍土木工程各个分支学科所涉及的内容，注重内容的基础性、实用性，以初学者的认知规律为依据进行内容的组织与编写，文字表述通俗易懂，突出综合运用土木工程及相关学科的基础理论和知识，满足人才培养的需要。

本书主要包括土木工程基本知识、土木工程材料、地基与基础、建筑工程、道路工程、桥梁工程、铁路工程、地下及隧道工程、给水排水工程、土木工程防灾减灾、土木工程建设项目管理、计算机在现代土木工程中的应用等内容。

本书可作为高职高专建筑工程施工技术、建设工程管理等专业的教材和教学参考书，也可作为其他工程类专业的选修课教材。

为便于教学，本书配套有电子课件和微课视频，凡使用本书作为教材的教师均可登录 www.cmpedu.com 注册下载，或加入机工社职教建筑 QQ 群 221010660 索取。如有疑问，请拨打编辑电话 010-88379375。

图书在版编目（CIP）数据

土木工程概论/赵杉，闫蕾主编．—北京：机械工业出版社，2023.10
（2025.9 重印）
职业教育建筑类专业系列教材
ISBN 978-7-111-74205-0

Ⅰ.①土… Ⅱ.①赵…②闫… Ⅲ.①土木工程-高等职业教育-教材 Ⅳ.①TU

中国国家版本馆 CIP 数据核字（2023）第 214755 号

机械工业出版社（北京市百万庄大街 22 号　邮政编码 100037）
策划编辑：陈紫青　　　　　责任编辑：陈紫青　宫晓梅
责任校对：潘　蕊　李　杉　封面设计：马精明
责任印制：邓　博
北京中科印刷有限公司印刷
2025 年 9 月第 1 版第 2 次印刷
184mm×260mm・10.75 印张・261 千字
标准书号：ISBN 978-7-111-74205-0
定价：35.00 元

电话服务　　　　　　　　　网络服务
客服电话：010-88361066　　机　工　官　网：www.cmpbook.com
　　　　　010-88379833　　机　工　官　博：weibo.com/cmp1952
　　　　　010-68326294　　金　书　网：www.golden-book.com
封底无防伪标均为盗版　　　机工教育服务网：www.cmpedu.com

前　言

土木工程是建造各类工程设施的科学技术的统称，是一个覆盖面非常广泛的工程学科。土木工程为国民经济的发展和人民生活的改善提供了重要的物质技术基础，在国民经济中占有举足轻重的地位。

"土木工程概论"课程具有较强的实践性，立足于学生整体素质和综合实践能力的提高。为使学生掌握必要的专业知识，本书编者针对建筑工程施工技术、建设工程管理等专业对本课程教学内容、教学方法、教学手段等方面的要求，结合近年来的教学实践经验，并吸收了国内外的研究成果，编写了本书。本书依据现行的相关国家标准和行业标准，以社会需求为基础依据，以就业为导向，以学生为主体，在内容上注重与岗位实际要求紧密结合，符合人才培养的要求。

本书系统地介绍了土木工程各个分支学科所涉及的内容，包括土木工程基本知识、土木工程材料、地基与基础、建筑工程、道路工程、桥梁工程、铁路工程、地下及隧道工程、给水排水工程、土木工程防灾减灾、土木工程建设项目管理、计算机在现代土木工程中的应用。本书内容丰富，文字表述通俗易懂，突出综合运用土木工程及相关学科的基础理论知识，旨在使学生了解土木工程的基本内容和发展现状。

本书理论与实践相结合、广度与深度相结合，强调知识的针对性和实用性。本书注重理论性、基础性、实用性，强化学习概念和综合思维，有助于学生的知识与能力协调发展。在内容阐释的深浅程度上，既适应了相关专业的教学需要，又兼顾了人才培养的需要。

本书不仅注重技能知识的培养，也重视综合素质的培养。每个单元开头设置了"素养目标"，引导学生有意识地培养自己的职业道德与职业素养；单元中间插入"行业前沿"版块，使学生了解行业内的新材料、新技术；大部分单元最后设置了"行业丰碑"版块，主要介绍国内具有代表性的案例，以求坚定学生的历史自信、文化自信、民族自信，落实立德树人根本任务，融入党的二十大精神。

本书由重庆能源职业学院赵杉、闫蕾担任主编，重庆市渝地土地整治开发有限公司张林，重庆能源职业学院杨渝青、李玉洁也参与了编写。全书共有12单元。其中，单元2~4

由重庆能源职业学院赵杉编写；单元1、9、10由重庆能源职业学院闫蕾编写；单元5、7由重庆市渝地土地整治开发有限公司张林编写；单元11、12由重庆能源职业学院杨渝青编写；单元6、8由重庆能源职业学院李玉洁编写。全书由赵杉、闫蕾统稿。

本书编者在编写过程中，参阅了大量的文献资料，同时也参考、借鉴了许多专家学者的成果，在此表示衷心的感谢。由于编者水平有限，本书难免有不足之处，恳请广大读者批评指正。

编　者

二维码视频列表

序号	二维码	页码	序号	二维码	页码
1	建筑材料——木材	15	8	SBS防水卷材	28
2	建筑材料——混凝土	20	9	JS水泥基复合防水涂料	28
3	混凝土浇筑及养护	23	10	筏形基础施工	38
4	RG-B型聚合物抹面抗裂砂浆	25	11	钻孔灌注桩施工——旋挖钻机成孔	41
5	钢筋加工	25	12	水泥土搅拌桩施工设备	45
6	钢筋焊接——电渣压力焊	26	13	PK预应力混凝土叠合板吊运	60
7	钢筋绑扎	27	14	装配式施工——预制楼梯吊装	60

土木工程概论

(续)

序号	二维码	页码	序号	二维码	页码
15	道路基层施工（平地机）	71	21	Luban iWorks 软件在项目管理中的应用	149
16	桥梁下部结构桩基础施工	85	22	BIM 软件应用——Revit 软件界面介绍	156
17	铁路混凝土构件——桥下防护栅栏预制	93	23	软件应用—施工现场平面布置（一）	157
18	轨枕生产制作	94	24	软件应用—施工现场平面布置（二）	157
19	马蹄形隧道断面	103	25	软件应用—施工现场平面布置（三）	157
20	工程项目管理软件应用——进度计划编制	148	26	软件应用—施工现场平面布置（四）	157

目 录

前言

二维码视频列表

单元1 土木工程基本知识 …………… 1
  1.1 土木工程概述 …………………… 1
  1.2 土木工程师 ……………………… 4
  思考题 ……………………………… 5

单元2 土木工程材料 ……………… 8
  2.1 土木工程材料概述 ……………… 8
  2.2 土木工程材料的基本性质 ……… 10
  2.3 常见的土木工程材料 …………… 15
  思考题 ……………………………… 29

单元3 地基与基础 ……………… 31
  3.1 地基与基础的相关概念 ………… 31
  3.2 工程地质勘察 …………………… 32
  3.3 浅基础 …………………………… 37
  3.4 深基础 …………………………… 39
  3.5 地基处理 ………………………… 42
  思考题 ……………………………… 46

单元4 建筑工程 ………………… 49
  4.1 建筑结构 ………………………… 49
  4.2 建筑基本构件 …………………… 51
  4.3 单层、多层与高层建筑 ………… 56
  4.4 大跨度结构及特种结构 ………… 57
  4.5 装配式建筑 ……………………… 60
  思考题 ……………………………… 63

单元5 道路工程 ………………… 66
  5.1 道路工程概述 …………………… 66
  5.2 道路的组成 ……………………… 69
  思考题 ……………………………… 75

单元6 桥梁工程 ………………… 77
  6.1 桥梁工程概述 …………………… 77
  6.2 桥梁施工方法 …………………… 82
  思考题 ……………………………… 89

单元7 铁路工程 ………………… 91
  7.1 铁路工程概述 …………………… 91
  7.2 铁路结构组成 …………………… 91
  7.3 城市轨道交通 …………………… 94
  思考题 ……………………………… 98

单元8 地下及隧道工程 ………… 100
  8.1 地下工程 ………………………… 100
  8.2 隧道工程 ………………………… 102
  思考题 ……………………………… 109

单元9 给水排水工程 …………… 111
  9.1 建筑给水系统 …………………… 112
  9.2 建筑排水系统 …………………… 125
  思考题 ……………………………… 130

单元10 土木工程防灾减灾 …… 133
  10.1 土木工程防灾减灾概述 ……… 133
  10.2 土木工程防灾减灾类型 ……… 135
  思考题 ……………………………… 138

土木工程概论

单元11 土木工程建设项目管理 … 140

11.1 工程项目建设程序 …………… 140
11.2 工程项目招投标与承发包管理 …… 142
11.3 建设工程项目管理 …………… 147
思考题 …………………………… 150

单元12 计算机在现代土木工程中的应用 …………… 153

12.1 计算机模拟仿真技术 …………… 153
12.2 计算机辅助设计 ……………… 154
12.3 BIM技术 ……………………… 155
思考题 …………………………… 157

参考文献 ……………………………… 160

单元 1 土木工程基本知识

> **单元概述**
>
> 本单元主要介绍土木工程的基本概念、性质以及土木工程的发展前景,最后介绍了土木工程师。
>
> **单元目标**
>
> 知识目标:
> (1) 掌握土木工程的基本概念、性质。
> (2) 了解土木工程的发展前景。
> (3) 了解土木工程师。
>
> 素养目标:
> (1) 培养较强的自主学习能力,热爱本专业,能够根据社会发展需要和自身特点进行职业生涯规划。
> (2) 树立正确的职业理想、科学的职业观念,培养良好的职业道德和职业行为习惯。

1.1 土木工程概述

1.1.1 土木工程的基本概念

土木工程是建造各类工程设施的科学技术的统称。它不仅包括所应用的材料、设备和所进行的勘测、设计、施工、保养、维修等技术活动,还包括工程建设的对象,即建造在地上或地下、陆上或水中,以及直接或间接为人类生活、生产、军事和科学服务的各种工程设施,例如房屋、道路、铁路、运输管道、隧道、桥梁、运河、堤坝、港口、给水排水及防护工程等。

土木工程也是一门学科,它运用数学、物理、化学等基础科学知识,力学、材料等技术科学知识以及土木工程方面的工程技术知识来研究、设计、修建各种建筑物和构筑物。

土木工程为国民经济的发展和人民生活的改善提供了重要的物质技术基础,在国民经济中占有举足轻重的地位。土木工程的发展水平能够充分体现国民经济的综合实力,反映一个国家的现代化水平,而人们的生活也离不开土木工程。同时,铁路、公路、水运、航空等的发展也都离不开土木工程。

1.1.2 土木工程的性质与特点

土木工程的目的是形成人类生产或生活所需要的、功能良好且舒适美观的空间和通道。它既有物质方面的需求，也有精神方面的需求。随着社会的发展，工程结构越来越大型化、复杂化，超高层建筑、特大型桥梁、巨型大坝、复杂的地铁系统不断涌现，满足人们生活需求的同时也演变为社会实力的象征。

土木工程有下列五个性质与特点。

1. 综合性

建造一项工程设施一般要经过勘察、设计和施工三个阶段，需要综合运用工程地质勘察、水文地质勘察、工程测量、土力学、工程力学、工程结构设计、建筑材料、建筑设备、工程机械、建筑经济、施工技术、施工组织等学科知识，因而土木工程是一门范围较广的综合性学科。

随着科学技术的进步和工程实践的发展，土木工程已发展成为内涵广泛、门类众多、结构复杂的综合体系，拥有许多分支学科，如房屋工程、铁路工程、道路工程、飞机场工程、桥梁工程、隧道及地下工程、特种结构工程、给水排水工程、城市供热供燃气工程、港口工程、水利工程等学科。

2. 社会性

土木工程是伴随着人类社会的进步发展起来的，它所建造的工程设施反映出各个历史时期社会、经济、文化、科学、技术发展的面貌和水平，因而土木工程是社会历史发展的见证之一。

远古时代，人们就开始修筑简陋的房舍、道路、桥梁和沟渠，以满足简单的生活和生产需要。后来，人们为了适应战争以及宗教传播的需要，兴建了城池、运河、宫殿、寺庙以及其他各种建筑物。到了20世纪，随着建筑材料（钢材、水泥）工业化生产的实现，机械和能源技术以及设计理论的发展，世界各地出现了现代化规模宏大的工业厂房、摩天大厦、核电站、高速公路和铁路、大跨桥梁、大直径运输管道、长隧道、大运河、大堤坝、大飞机场、大海港以及海洋工程等。

3. 实践性

土木工程是一门具有很强实践性的学科。在早期，土木工程是通过工程实践，总结成功的经验，吸取失败的教训发展起来的。影响土木工程的因素既多又复杂，使得土木工程对实践的依赖性很强。

土木工程技术的发展之所以主要凭借工程实践而不是凭借科学试验和理论研究，有两个原因：一是有些客观情况过于复杂，难以如实进行室内试验、现场测试和理论分析。例如，地基基础、隧道及地下工程的受力和变形状态及其随时间的变化，还需要参考工程经验进行分析判断。二是只有进行新的工程实践，才能揭示新的问题。

4. 生产周期长

土木工程（产品）实体庞大、个体性强、消耗社会劳动量大、影响因素多（因为工程一般在露天环境下进行，受到各种气候条件的制约，如低温、降雨、台风、高温等），因此它具有生产周期长的特点。

5. 系统性

土木工程是一个系统工程，涉及方方面面的知识和技术，是运用多种工程技术进行勘测、设计、施工的成果。土木工程随着社会科学技术和管理水平而发展，是技术、经济、艺术统一的历史见证。

1.1.3 土木工程的发展前景

地球上可以利用的土地和资源是有限的，土木工程的未来至少应向以下五个方向发展。

1. 向更大规模发展

随着新材料、新结构、新工艺、新施工方法的出现，人类将可能从事更大规模的土木工程建设，取得新的突破。

2. 向海洋发展

为节约使用陆地，围垦工程和建造人工岛都可以充分利用海洋资源。例如迪拜的帆船酒店。

3. 向沙漠发展

土木工程与环境工程融为一体，沙漠化与人类的生存发展密切相关。每年全球都有大片的耕地被沙漠侵蚀。通过土木工程建设将沙漠改造成绿洲，也是土木工程未来发展的一个方向。

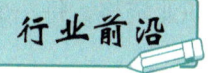

向沙漠进军

沙漠自然特点为：气候干旱，雨量稀少，蒸发旺盛；热量资源较丰富，温差较大；风沙频繁；植被一般稀疏、低矮；沙漠地表多为沙丘所覆盖；地表水虽缺乏，但大部分沙漠都分布有潜水和承压水。

将沙漠改造成绿洲，沙漠大面积绿化，会影响沙漠的气候。在缺乏地下水的沙漠地区，若利用太阳能淡化海水，则将大大促进工程建设的发展，造就一批具有吸引力的经济开发区。

点评：土木工程作为建筑工程中的一个重要组成部分，随着社会的发展而不断变化，一旦向沙漠发展成为可能，那么未来将具有较大的发展空间。在科学技术与信息技术发展的今天，我们有理由相信，土木工程未来向沙漠发展的前景一定无限光明。这就要求土木工程的工作人员在实际工作过程中，不断提高施工技术，不断追求技术创新，运用高科技施工技术，实现土木工程的高速发展。

4. 向太空发展

近年来随着航空航天事业的飞速发展，预计 21 世纪 50 年代左右，空间工业化、空间商业化、空间旅游、外层空间人类化等可能会得到较大的发展。

5. 向地下发展

建造地下建筑可以有效改善城市拥挤，节能和减少噪声污染等。

1.2 土木工程师

国家对从事土木工程活动的专业技术人员，实施严格的职业资格制度，要求从事相关建筑活动的技术人员必须达到一定职业标准，并获得相应的职业注册证书。住房和城乡建设部、国家发展改革委员会、生态环境部、应急管理部等部门分别设置了相应的职业资格注册制度，其中部分职业资格见表1-1。

表1-1 土木工程行业专业技术人员部分职业资格表

序 号	职业资格	专 业
1	一级建造师	建筑工程、公路工程、铁路工程、民航机场工程、港口与航道工程、水利水电工程、矿业工程、市政公用工程、通信与广电工程、机电工程
2	二级建造师	建筑工程、机电工程、市政公用工程、公路工程、水利水电工程、矿业工程
3	建筑师	—
4	结构工程师	—
5	电气工程师	发输变电、供配电
6	土木工程师	岩土、港口与航道、水利水电工程
7	公用设备工程师	暖通空调、给水排水、动力
8	监理工程师	土木建筑工程、交通运输工程、水利工程
9	造价工程师	土建、安装

从表1-1可以看出，国家针对不同的土木工程活动设置了不同的建筑职业资格，每一个职业资格都有各自的注册条件。下面以注册建造师、监理工程师为例说明。

（1）注册建造师

建造师是指从事建设工程项目总承包和施工管理关键岗位的职业注册人员，要懂管理、懂技术、懂经济、懂法规，既要有理论水平，也要有丰富的实践经验和较强的组织能力，是综合素质较高的综合型人员。

为了加强建设工程项目管理，提高工程项目总承包及施工管理专业技术人员素质，规范施工管理行为，保证工程质量和施工安全，住房和城乡建设部设置了注册建造师职业资格，并将注册建造师分为一级建造师和二级建造师两个等级。

只有取得建造师职业资格证书且符合注册条件的人员，经过注册登记，获得建造师注册证书后，方可受聘执业。一、二级建造师报考条件及注册范围见表1-2。

表1-2 一、二级建造师报考条件及注册范围

	报考条件	考试科目	注册范围
一级建造师	凡遵守国家法律、法规，具备下列条件之一者，可以申请参加一级建造师执业资格考试 1. 取得工程类或工程经济类专业大学专科学历，从事建设工程项目施工管理工作满4年 2. 取得工学门类、管理科学与工程类专业大学本科学历，从事建设工程项目施工管理工作满3年 3. 取得工学门类、管理科学与工程类专业硕士学位，从事建设工程项目施工管理工作满2年 4. 取得工学门类、管理科学与工程类专业博士学位，从事建设工程项目施工管理工作满1年	1. 建设工程经济 2. 建设工程法规及相关知识 3. 建设工程项目管理 4. 专业工程管理与实务	全国

单元 1　土木工程基本知识

（续）

	报考条件	考试科目	注册范围
二级建造师	1. 具备工程类或工程经济类中等专科（含专业证书）以上学历并从事建设工程项目施工与管理工作满 2 年 2. 具备其他专业中等专科以上学历并从事建设工程项目施工与管理工作满 5 年 3. 40 岁以上，从事建设工程项目施工与管理工作满 15 年	1. 建设工程施工管理 2. 建设工程法规及相关知识 3. 专业工程管理与实务	本省

（2）监理工程师

监理工程师是指经全国统一考试合格，取得监理工程师资格证书并经注册登记的工程建设监理人员。监理工程师代表业主监控工程质量、工程进度、投资控制以及合同管理、安全管理、组织与协调，是业主和承包商之间的桥梁。

总监理工程师指由监理单位法定代表人书面授权，全面负责委托监理合同的履行，主持项目监理机构的监理工程师。此外，监理人员还包括专业监理工程师和监理员。监理工程师报考条件及注册范围见表 1-3。

表 1-3　监理工程师报考条件及注册范围

	报考条件	考试科目	注册范围
监理工程师	凡遵守国家法律、法规，恪守职业道德，并符合以下条件之一的，均可申请参加监理工程师职业资格考试。 1. 具有各工程大类专业大学专科学历（或高等职业教育），从事工程施工、监理、设计等业务工作满 4 年 2. 具有工学、管理科学与工程类专业大学本科学历或学位，从事工程施工、监理、设计等业务工作满 3 年 3. 具有工学、管理科学与工程一级学科硕士学位或专业学位，从事工程施工、监理、设计等业务工作满 2 年 4. 具有工学、管理科学与工程一级学科博士学位	1. 建设工程合同管理 2. 建设工程质量、投资、进度控制 3. 建设工程监理基本理论与相关法规 4. 建设工程监理案例分析	全国

（3）土木工程行业专业技术人员职业的其他条件

除了要达到国家要求的职业资格标准外，土木工程行业专业技术人员还需要满足以下条件。

1）具有良好的政治素养和较高的综合素质。

2）土木工程基础理论扎实，熟悉所处行业专业知识、技术规范、工程造价预决算方法，同时能独立完成实际操作，熟练使用相关软件。

3）具备良好的组织管理能力、现场应变能力、分析规划能力、统筹协调能力、沟通表达能力等。

4）工作踏实敬业，身体和心理素质良好，且有较好的团队意识。

思　考　题

1. 浅谈自己的学习体会以及对我国土木工程建筑发展的理解和展望。

土木工程概论

2. 简述土木工程的概念及其包含的内容。
3. 为什么要执行注册工程师制度？

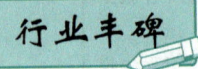行业丰碑

中国土木工程学家茅以升

茅以升（图1-1）（1896—1989），字唐臣，江苏镇江人，中共党员。茅以升1916年毕业于唐山工业专门学校（西南交通大学前身），1917年获美国康奈尔大学硕士学位，1919年获美国卡耐基理工学院（现卡耐基-梅隆大学）博士学位，回国后历任唐山工业专门学校教授，国立东南大学（1928年更名为国立中央大学）教授兼工科主任，河海工科大学校长，北洋工学院院长，江苏水利局局长、钱塘江桥工程处处长，交通大学唐山工学院代院长、院长，中国桥梁公司总经理，中国交通大学校长，铁道科学研究院院长等职。1955年选聘为中国科学院院士（学部委员）。

图1-1 年轻时期的茅以升

茅以升主持中国铁道科学研究院工作30余年，为铁道科学技术进步作出了卓越的贡献，积极倡导土力学学科在工程中的应用。茅以升主持修建了中国人自己设计并建造的第一座现代化双层铁路、公路两用大型桥梁——钱塘江大桥（图1-2），成为中国铁路桥梁史上的一块里程碑。新中国成立后，他又参与设计了素有"万里长江第一桥"之称的武汉长江大桥（图1-3）。晚年，他主持编写了《中国桥梁史》《钱塘江桥》等。1989年11月12日病逝于北京，享年93岁。

2019年，茅以升被授予"最美奋斗者"荣誉称号。

图1-2 钱塘江大桥　　　　　图1-3 武汉长江大桥

职业启示：土木工程学家茅以升身上的伟大精神体现在他一生的经历中。第一，刻苦学习、勤学奋进。茅以升的成就离不开他十几年的刻苦学习和积累。他出生于清朝末年，家里条件并不优越，但他在学习上努力奋斗。大学毕业后官费赴美国学习，取得硕士和博士学位。第二，理论指导实践、创新桥梁建造方法。当时的中国几乎没有自己建造的桥

梁。爱国的茅以升，独挑大梁，接受了建造钱塘江大桥的艰巨任务。钱塘江的潮汐和江底的流砂对于建造桥梁都是挑战。茅以升努力钻研，一步步摸索创新，终于完成了这座大桥的建造。第三，一生的努力和坚持。新中国成立后，茅以升继续挑战更多高难度大桥的建造，完成了武汉长江大桥建造工程。同时他开始创办工程学院，让更多的人学习桥梁建造的知识。茅以升晚年笔耕不辍，著作了多部专业知识书籍。

单元 2　土木工程材料

 单元概述

本单元主要对土木工程材料的分类、基本性质、常见的土木工程材料以及土木工程材料未来的发展趋势作了详细介绍。

 单元目标

知识目标：
（1）熟悉土木工程材料的分类、基本性质。
（2）掌握常见的土木工程材料及其特点。
（3）了解土木工程材料的未来发展趋势。

素养目标：
（1）树立"千里之行，始于足下"的就业态度。
（2）树立较强的安全责任意识和环保意识；培养科研与创新能力。
（3）养成主动观察、积极思考、独立分析问题和解决问题的良好习惯。

2.1　土木工程材料概述

土木工程中所用的各种材料及其制品统称为土木工程材料。一幢建（构）筑物从主体结构到每一个细部和构件都是由各种建筑材料经过设计、施工而成的。正确选择和合理使用土木工程材料，对土木工程建（构）筑物的安全、美观、耐久性及造价有着重大意义。

2.1.1　土木工程材料的分类

土木工程材料的种类众多，具体分类方法有以下几种。

1. 按组成物质和化学成分分类

土木工程材料按组成物质不同，分为金属材料和非金属材料两大类。金属材料包括黑色金属（钢、铁）与有色金属；非金属材料按其化学成分不同分为有机材料和无机材料。土木工程材料的组成物质和化学成分见表 2-1。

2. 按功能分类

土木工程材料按功能不同，可分为结构材料和功能材料。结构材料是承受荷载作用的材

表 2-1　土木工程材料的组成物质和化学成分

土木工程材料类型			组成物质和化学成分
金属材料	黑色金属		铁、钢
	有色金属		铝、铜及其合金等
非金属材料	无机材料	天然石材	花岗岩、石灰岩、大理石等
		烧土制品	砖瓦、陶瓷、玻璃等
		胶凝材料 气硬性胶凝材料	石灰、石膏、水玻璃等
		胶凝材料 水硬性胶凝材料	水泥
	有机材料	植物材料	木材、竹材等
		沥青材料	石油材料、煤沥青及其制品
		高分子材料	塑料、涂料、胶粘剂、合成橡胶等
复合材料			钢筋混凝土、聚合物混凝土、玻璃钢、纸面或纤维石膏板等

料，如基础、柱、梁所用的材料；功能材料是具有其他功能的材料，如起围护作用的材料、起防水作用的材料、起装饰作用的材料、起保温隔热作用的材料等。

3. 按用途分类

土木工程材料按用途不同，分为建筑结构材料、桥梁结构材料、水工结构材料、路面结构材料、建筑墙体材料、建筑装饰材料、建筑防水材料、建筑保温材料等。

4. 按材料来源分类

土木工程材料按材料来源不同，分为天然材料（木、石等）和人造材料（砌块、钢筋混凝土等）。

2.1.2　土木工程材料的发展趋势

随着城市化、工业化进程的加快和生产力水平的大幅度提高，全球性资源匮乏和能源短缺现象日益严重，土木工程发展对建筑材料的发展提出了更高的要求，可持续发展理念已逐渐深入到建筑材料之中。建筑材料将会向着再生化、利废化、节能化和绿色化等方向发展。

1. 绿色建材

绿色建材又称生态建材、环保建材，它是指利用清洁的生产技术，少用天然资源，大量使用工业或城市固体废弃物和植物秸秆所生产的无毒、无污染、无放射性、有利于环保和人体健康的土木工程材料。发展绿色建材是一项长期的战略任务，符合可持续发展的战略方针，既满足现代人安居乐业、健康长寿的需要，又不损害后代人的更大需求和利益。

目前我国正在开发和已经开发的绿色建材和准绿色建材主要有以下几种。

1）利用废渣类物质为原料生产的建材，这类建材以废渣为原料生产砖、砌块、材板及胶凝材料。

2）利用化学石膏生产的建材。用工业废石膏代替天然石膏，利用先进的生产工艺和技术可生产各种土木建筑材料。

3）利用废弃的有机物生产的建材。利用废塑料、废橡胶及废沥青等可生产多种土木工程材料，如防水材料、保温材料、道路工程材料及其他室外工程材料。

4）各种代木材料。用其他废料制造的代木材料在生产使用中不会损害人的身体健康，利用高新技术使其成本和能耗降低,将是未来绿色建材的主要发展方向。

2. 节能建材

节能建材是一种用于降低建筑物能耗的材料。建筑物的节能是世界各国建筑学、建筑技术、材料学和相应空调技术研究的重点和方向。采用低能耗、无环境污染的生产技术,优先开发、生产低能耗的材料以及能降低建筑物使用能耗的节能型材料,可以大大节约能源,为可持续发展战略的实施作出贡献。

3. 高性能材料

研制高性能材料,例如轻质、高强、高耐久性、优异装饰性和多功能的材料,以及充分利用和发挥各种材料的特性,采用复合技术,制造出具有特殊功能的复合材料,可大幅度提高材料的综合经济效益。例如高性能混凝土,其特点是易灌注、易密实、不离析、能长期保持优越的力学性质、早期强度高、韧性好、体积稳定、在恶劣环境下使用寿命长等。

2.2 土木工程材料的基本性质

2.2.1 材料的物理性质

建筑材料的基本物理性质是表示材料与其质量、构造状态有关的物理状态参数。

1. 材料与质量有关的性质

(1) 材料的密度、表观密度、堆积密度

1)密度。材料的密度是指材料在绝对密实状态下单位体积的质量,即材料的质量与材料在绝对密实状态下的体积之比。

2)表观密度。材料的表观密度是指材料在自然状态下单位体积的质量,即材料的质量与材料在自然状态下的体积之比。

自然状态下的体积包括材料实体体积和内部孔隙(闭口和开口)体积(图2-1)。

3)堆积密度。材料的堆积密度指粉状或粒状材料在堆积状态(图2-2)下,单位体积的质量。

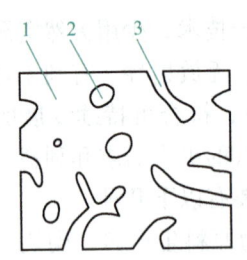
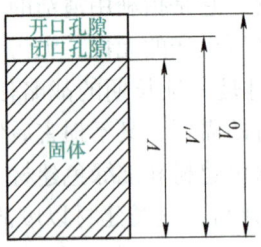
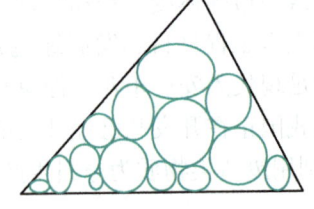

图2-1 自然状态下体积示意图
1—固体 2—闭口孔隙 3—开口孔隙

图2-2 材料堆积状态

材料的堆积密度包含了材料实体体积、材料内部的孔隙体积和散粒材料之间的空隙体积。常用建筑材料的密度、表观密度和堆积密度见表2-2。

表 2-2 常用建筑材料的密度、表观密度和堆积密度

材料名称	密度/(g/cm³)	表观密度/(g/m³)	堆积密度/(g/m³)
钢	7.85	7.85	
花岗岩	2.80	2.5~2.9	
碎石（石灰石）		2.65	1.4~1.7
砂		2.63	1.45~1.7
黏土		2.60	1.6~1.8
水泥	3.10		1.1~1.3
烧结普通砖	2.70	1.6~1.9	
烧结空心砖（多孔砖）	2.70	0.8~1.48	
红松木	1.55	0.4~0.8	
泡沫塑料		0.02~0.05	
玻璃	2.55		
普通混凝土		2.1~2.6	

（2）材料的孔隙率和密实度

1）孔隙率。材料内部的孔隙体积占材料自然状态下体积的百分率称为材料的孔隙率。材料孔隙率的大小直接反映材料的密实程度，孔隙率小，则密实程度高。

2）密实度。材料的固体物质体积占自然状态下体积的百分率称为材料的密实度。密实度反映了材料体积内被固体物质所填充的程度。

（3）材料的空隙率与填充率

1）空隙率。散粒材料颗粒之间的空隙体积占材料堆积体积的百分率称为材料的空隙率。空隙率的大小反映了散粒材料的颗粒相互填充的程度。

2）填充率。材料在自然状态下的体积占堆积体积的百分率称为材料的填充率。填充率反映了材料被颗粒填充的程度。

2. 材料与水有关的性质

（1）材料的亲水性与憎水性

材料与水接触时能被水润湿的性质称为亲水性；而材料与水接触时不能被水润湿的性质称为憎水性。

（2）材料的吸湿性和吸水性

1）吸湿性。材料在潮湿空气中吸附水分的性质称为吸湿性。材料的吸湿性大小用含水率来表示。含水率是指材料内部所含水的质量占干材料质量的百分率。在一定的温度和湿度条件下，材料中所含水分与周围空气湿度达到平衡时的含水率称为平衡含水率。

2）吸水性。材料在水中（通过毛细孔隙）吸收水分的性质称为吸水性。土木工程材料吸水性的大小一般用质量吸水率表示。质量吸水率是指材料吸水饱和时，其内部吸收水分的质量占干材料质量的百分率。

（3）材料的耐水性

材料长期在饱和水作用下不被破坏，同时强度也不显著降低的性质称为耐水性。

(4) 材料的抗冻性

材料在吸水饱和状态下能经受多次冻融循环而不被破坏，同时强度也不严重降低的性质称为抗冻性。

(5) 材料的抗渗性

材料抵抗压力水渗透的性质称为抗渗性。另外，材料抵抗其他液体渗透的性质也属于抗渗性。

3. 材料的热工性质

(1) 材料的导热性

材料传导热量的性质称为导热性。材料导热能力的大小用导热系数来表示。

(2) 材料的热容量

热容量是指材料受热时吸收热量，冷却时放出热量的性质。

(3) 材料的热变形性

材料在温度变化时的尺寸变化称为热变形性。热变形性的大小用线膨胀系数表示。

(4) 材料的耐火性

材料在长期高温作用下，保持不熔性并能工作的性能称为耐火性。按耐火性高低可将材料分为3类。

① 耐火材料：如耐火砖中的硅砖、镁砖、铝砖、铬砖等。

② 难熔材料：如难熔黏土砖、耐火混凝土等。

③ 易熔材料：如普通黏土砖等。

(5) 材料的耐燃性

建筑物失火时，材料能经受高温与火的作用不被破坏，强度不严重降低的性能称为耐燃性。根据耐燃性不同可将材料分为3类。

① 不燃烧类：如普通石材、混凝土、砖、石棉等。

② 难燃烧类：如沥青混凝土、经防火处理的木材等。

③ 燃烧类：如木材、沥青等。

部分建筑构件的燃烧性能和耐火极限见表2-3。

表2-3 部分建筑构件的燃烧性能和耐火极限

序号	构件名称	结构厚度或截面最小尺寸/cm	耐火极限/h	燃烧性能
一	承重墙			
1	普通黏土砖、硅酸盐砖，混凝土、钢筋混凝土实体墙	12.0	2.50	不燃烧体
2	加气混凝土砌块墙	10.0	2.00	不燃烧体
3	轻质混凝土砌块、天然石料墙	12.0	1.50	不燃烧体
二	非承重墙			
1	普通黏土砖墙：包括双面抹灰	18.0	5.00	不燃烧体
2	粉煤灰硅酸盐砌块墙	20.0	4.00	不燃烧体
3	轻质混凝土墙：加气混凝土砌块墙	7.5	2.50	不燃烧体

(续)

序号	构件名称	结构厚度或截面最小尺寸/cm	耐火极限/h	燃烧性能
三	柱			
1	钢筋混凝土柱	18×24	1.20	不燃烧体
2	普通黏土砖柱	37×37	5.00	不燃烧体
3	钢筋混凝土圆柱	直径30	3.00	不燃烧体
四	梁			
	钢筋混凝土简支梁 非预应力钢筋，保护层厚度为1.0cm	—	1.20	不燃烧体
五	楼板和屋顶承重构件			
	现浇整体式梁板，保护层厚度为1.0cm	8.0	1.40	不燃烧体

2.2.2 材料的力学性质

1. 材料的强度

材料抵抗在应力作用下被破坏的性能称为强度。强度通常以材料的强度极限表示。

（1）材料的强度类型

根据外力作用形式的不同，材料的强度分为抗压强度、抗拉强度、抗弯强度及抗剪强度等，如图2-3所示。

（2）影响材料强度的因素

1）材料的组成及结构。材料的强度与其组成及结构有关，即使材料的组成相同，其构造不同，强度也不一样。材料的孔隙率越大，则强度越小。对于同一品种的材料，其强度与孔隙率之间存在反比关系，如图2-4所示，一般体积密度大的材料，强度也大。

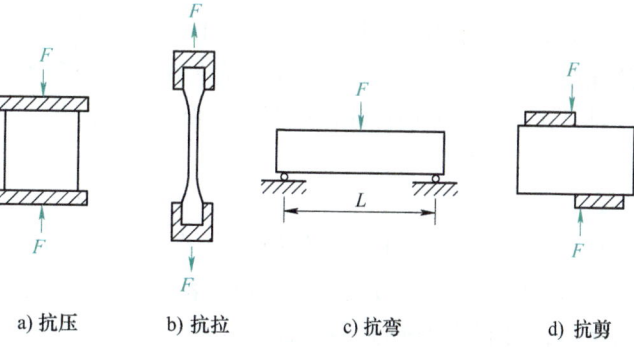

a) 抗压　b) 抗拉　c) 抗弯　d) 抗剪

图2-3 材料的强度类型

2）材料的含水状态及温度。含有水分的材料较干燥时，其强度较低。一般温度升高，材料的强度会降低，这对于沥青混凝土尤为明显。

3）材料试件的形状、尺寸。材料的强度与其测试所用的试件形状、尺寸有关，也与试验时加荷速度及试件表面性状有关。相同材料采用小试件测得的强度较大试件高；加荷速度快者强度值偏高；当试件表面不平或表面涂润滑剂时，所测强度值偏低。

材料强度是在特定条件下测定的数值。为了使试验

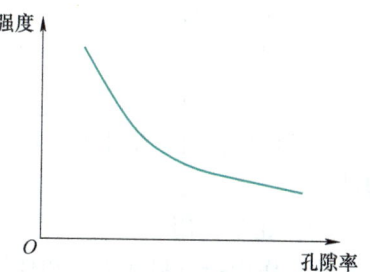

图2-4 材料强度与孔隙率的关系

结果准确,且具有可比性,各国都制定了统一的材料试验标准。在测定材料强度时,必须严格按照规定的试验方法进行。材料强度是大多数材料划分等级的依据。常用土木工程材料的强度见表2-4。

表 2-4 常用土木工程材料的强度 （单位：MPa）

材料	抗压强度	抗拉强度	抗弯强度
花岗岩	100~250	5~8	10~140
烧结普通砖	10~30	—	—
普通混凝土	7.5~60	1~4	—
松木（顺纹）	30~50	80~120	60~100
建筑钢材	235~1600	235~1600	—

2. 材料的弹性与塑性

材料在外力作用下产生变形,当外力取消后,变形随即消失并能完全恢复原来形状的性质,称为材料的弹性。材料这种可恢复的变形称为弹性变形,弹性变形属于可逆变形。

材料在外力作用下产生变形,当外力取消后,不能恢复变形,仍然保持变形后的形状和尺寸,并且不产生裂缝的性质,称为材料的塑性。

3. 材料的脆性与韧性

材料受外力作用,当外力达到一定限度后,材料突然被破坏,但破坏时没有明显塑性变形的性质,称为材料的脆性。具有这种性质的材料称为脆性材料。

材料在冲击或振动荷载作用下,能吸收较大能量,产生较大变形而不致破坏的性质,称为材料的韧性或冲击韧性。

4. 材料的硬度与耐磨性

材料的硬度是指材料抵抗较硬物质刻划或压入的能力。材料的硬度可用莫氏硬度、布氏硬度、洛氏硬度、维氏硬度、表面硬度表示,其中,布氏硬度、洛氏硬度、维氏硬度通过压入法测定,表面硬度通过回弹法测定。

材料的耐磨性指材料表面抵抗磨损的能力,材料的耐磨性以磨损前后材料单位面积的质量损失,即磨损率表示。材料的磨损率越低,表明该材料的耐磨性越好。

5. 材料的耐久性

耐久性是指材料在长期使用环境中,在多种破坏因素作用下保持原有性能不被破坏的能力。影响耐久性的因素很多,包括物理作用、化学作用及生物作用等。

（1）物理作用

物理作用指材料受干湿、冷热、冻融变化等,体积发生收缩与膨胀,或产生内应力而开裂破坏。

（2）化学作用

化学作用指材料在大气和环境水中的酸碱盐等溶液的侵蚀下,逐渐发生质变而破坏。

（3）生物作用

生物作用指材料在昆虫或菌类等的侵害下,发生虫蛀、腐朽而破坏。

2.3 常见的土木工程材料

2.3.1 木材

木材在土木工程中的应用有着悠久的历史，虽然在现代建筑中，新型建筑材料层出不穷，木材作为结构材料，早已被钢材、混凝土等材料替代，但它仍是建筑工程中不可缺少的材料，大量用于制作混凝土模板、门窗及室内装饰制品。木材、水泥、钢材被称为建筑工程中的三大材料。

1. 木材的防腐与防火

建筑工程中应用木材时，必须考虑木材的防腐和防火问题。

（1）木材防腐

木材防腐通常采用两种措施：一种是将木材干燥，使用过程中注意通风、除湿，将木结构和木制品表面涂上油漆，油漆涂层既使木材隔绝了空气，又隔绝了水分；另一种是用化学防腐剂对木材进行处理，这是一种比较有效的防腐措施，防腐剂处理木材的方法有表面涂刷或喷涂法、浸渍法、压力渗透法及冷热槽浸渍法等。

（2）木材防火

木材的防火，就是将木材经过具有阻燃性能的化学物质处理后，变成难燃的材料，以达到遇小火能自熄，遇大火能延缓或阻止燃烧蔓延的目的，从而赢得扑救的时间。木材属于木质纤维材料，易燃烧，是具有火灾危险性的有机可燃物。

常用木材阻燃剂类型及其化学物质见表2-5。

表2-5 常用木材阻燃剂类型及其化学物质

序号	阻燃剂类型	化学物质
1	磷-氮系阻燃剂	磷酸铵、磷酸氢二铵、磷酸二氢铵、聚磷酸铵、磷酸双氰胺、三聚氰胺、甲醛-磷酸树脂等
2	硼系阻燃剂	硼酸、硼砂、硼酸锌、五硼酸铵等
3	卤系阻燃剂	氯化铵、溴化铵、氯化石蜡等
4	含金属氧化物或氢氧化物的阻燃剂	含水氧化铝、氢氧化镁以及氧化锑等
5	其他阻燃剂	碳酸铵、硫酸铵、水玻璃等

2. 木材的综合应用

为节约木材资源，大力开展木材综合利用，目前，木材加工行业将大量的木屑、碎木块等下脚料进行加工处理，制成各种人造板材（胶合板原料除外）。人造板材在土木工程中应用广泛，也取得了较好的经济效益。

建筑材料——木材

（1）胶合板

胶合板（图2-5a）是由木段旋切成单板或由木方刨切成薄木，再用胶黏剂胶合而成的三层或多层的板状材料，通常用奇数层单板，并使相邻层单板的纤维方向互相垂直胶合而成。

胶合板材质均匀、强度高、无疵病、幅面大，并且使用方便，其吸湿变形小，不翘曲、不开裂，故在室内隔墙板、护壁板、门面板和家具制作等方面使用广泛。

（2）刨花板

刨花板（图2-5b）是将由木材或其他木质纤维素材料制成的碎料施加胶黏剂后，在热力和压力作用下胶合成的人造板材。刨花板的优点是吸声性能好且没有方向性，多用于装饰工程和家具制作。

（3）纤维板

纤维板（图2-5c）是以木材或植物纤维为原料，利用破碎、浸泡、磨浆等工艺，经胶黏、热压、切割而制成的人造板材。纤维板材质构造均匀，其抗弯强度高，不易产生胀缩和翘曲变形，且耐腐蚀，绝热、隔声性能好。

a) 胶合板　　　　　　　b) 刨花板　　　　　　　c) 纤维板

图 2-5　人造板材

2.3.2　砌筑材料

砌筑材料是指用来砌筑、拼装或用其他方法构成承重或非承重墙体或构筑物的材料，主要包括传统石材、砖、瓦及砌块，各种空心砌块及板材，砌筑砂浆。

1. 砖

砖是一种砌筑材料，其原材料容易取得、生产工艺比较简单、价格低、体积小、便于组合，广泛用于墙体、基础、柱等砌筑工程中。

砖按照生产工艺不同分为烧结砖和非烧结砖；按所用原材料不同分为黏土砖、页岩砖、煤矸石砖、粉煤灰砖、炉渣砖和灰砂砖等；按有无孔洞不同分为实心砖（图2-6a）、多孔砖（图2-6b）、空心砖（图2-6c）。标准砖的尺寸规格是240mm×115mm×53mm。

由于烧结普通砖具有对土地的破坏、资源与能源的耗费以及对环境的污染等缺点，不符合可持续发展的要求，因此我国大力开发了节土、节能、利渣、利废、多功能、有利于环保的各类砌块、蒸养砖等砌筑材料。近年来，国内外都在研制非烧结黏土砖。非烧结黏土砖是利用不适合耕种的山泥、废土、砂等，加入少量水泥或石灰做固结剂及微量外加剂，与适量水混合搅拌压制成型、自然养护或蒸养一定时间而成的砖。

2. 砌块

砌块是砌筑用的人造块材，是一种墙体材料。砌块可以充分利用地方资源和工业废渣，具有生产工艺简单、原料来源广、适应性强、制作及使用方便、可改善墙体功能等特点。砌块有混凝土小型空心砌块、粉煤灰硅酸盐混凝土砌块、蒸压加气混凝土砌块、煤矸石空心砌

a) 实心砖　　　　　b) 多孔砖　　　　　c) 空心砖

图 2-6　砖按有无孔洞分类

块、矿渣空心砌块、陶粒混凝土空心砌块和炉渣空心砌块等类型。

（1）混凝土小型空心砌块

混凝土小型空心砌块（图 2-7a）是由水泥、水、砂、石按一定比例配合，经搅拌、成型和养护而成的。混凝土小型空心砌块的强度可通过改变混凝土的配合比和砌块的孔洞而在较大幅度内得到调整，可用作承重墙体和非承重填充墙体。其自重较实心黏土砖轻，地震荷载较小，砌块有孔洞便于浇筑配筋芯柱，能提高建筑物的延性，绝热、隔声、防火、耐久性等大体与黏土砖相同，能满足一般建筑的要求。

（2）蒸压加气混凝土砌块

蒸压加气混凝土砌块简称加气块（图 2-7b），是以砂、粉煤灰等硅质材料和水泥、石灰等钙质材料为主要原料，掺入加气剂等辅助材料，与水混合，经搅拌、浇筑、发气、成型、切割、蒸养等工艺制成的多孔结构的建筑砌块。

 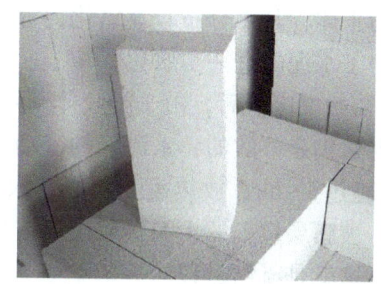

a) 混凝土小型空心砌块　　　　　b) 蒸压加气混凝土砌块

图 2-7　砌块类型

2.3.3　水泥

建筑工程中常用的水泥为硅酸盐类水泥，属于通用水泥。通用水泥按其所掺混合材料的种类和数量不同，分为硅酸盐水泥、普通硅酸盐水泥、矿渣硅酸盐水泥、火山灰质硅酸盐水泥、粉煤灰硅酸盐水泥和复合硅酸盐水泥等，统称为六大水泥。

1. 硅酸盐水泥

硅酸盐水泥是以适当成分的生料，烧至部分熔融，得到以硅酸钙为主要成分的水泥熟料，并掺入 0%～5% 的石灰石或粒化高炉矿渣、适量石膏，磨细制成的水硬性胶凝材料。硅酸盐水泥具有凝结硬化快，强度高，水化热大，抗冻性好，干缩小，耐磨性、抗碳化性较好，耐腐蚀性、耐高温性差的特性。

(1) 硅酸盐水泥的生产

1) 生料配制。硅酸盐水泥的原料主要有石灰质原料、黏土质原料、校正原料。将原料按适当的比例配合，并将这些原料磨制到规定的细度，并使其均匀混合，这个过程叫生料配制。

2) 水泥熟料煅烧。将配制好的生料在高温下进行煅烧。

3) 水泥熟料粉磨。将生产出来的水泥熟料配以适量的石膏，或根据水泥品种的要求掺入一定量的混合材料，放入磨机磨至适当的细度，即制成硅酸盐水泥。

硅酸盐水泥生产工艺流程如图 2-8 所示。

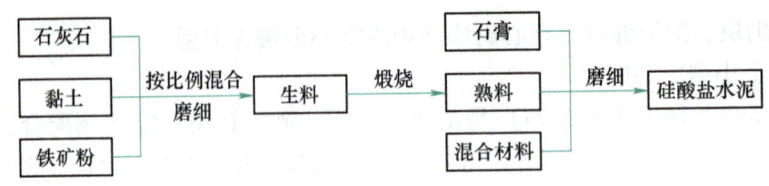

图 2-8　硅酸盐水泥生产工艺流程

(2) 硅酸盐水泥的凝结硬化过程

硅酸盐水泥的凝结硬化过程，按水化反应速度和水泥浆体结构的变化特征，可分为以下四个阶段：

1) 初始反应期。水泥加水拌和成水泥浆的同时，水泥颗粒表面的熟料矿物立即溶于水，并与水发生水化反应，并伴有放热现象。水化物附着在水泥颗粒表面形成膜层。膜层以水化硅酸钙凝胶为主体，其中分布着氢氧化钙等晶体，所以通常被称为凝胶体膜层。凝胶体膜层的形成，妨碍了水泥的进一步水化。

2) 潜伏期。初始反应以后，由于凝胶体膜层的形成，水化反应和放热速度缓慢。在一段时间内，水泥颗粒仍是分散的，水泥浆的流动性基本保持不变，此即潜伏期。

3) 凝结期。经过 1~6h，放热速度加快，水泥继续加速水化。随着水化物的增多和凝胶体膜层的增厚，被膜层包裹的水泥颗粒逐渐接近，互相黏结，形成网状结构，水泥浆体变稠，失去可塑性，这就是凝结过程。

4) 硬化期。水泥颗粒之间的孔隙逐渐缩小为毛细孔，水化生成物进一步填充毛细孔，毛细孔越来越少，使水泥浆体结构更加紧密，逐渐产生强度。在适宜的温度和湿度条件下，水泥强度可继续增大，硅酸盐水泥凝结硬化过程如图 2-9 所示。

2. 普通硅酸盐水泥

由硅酸盐水泥熟料、适量的混合材料及石膏共同磨细制成的水硬性胶凝材料，称为普通硅酸盐水泥，简称普通水泥。普通硅酸盐水泥由于掺入的混合材料较少，因此其性质与硅酸盐水泥基本相同。

3. 矿渣硅酸盐水泥、粉煤灰硅酸盐水泥

由硅酸盐水泥熟料、掺量大于 20% 且不大于 70% 的粒化高炉矿渣及适量的石膏磨细所得的水硬性胶凝材料，称为矿渣硅酸盐水泥，简称矿渣水泥。矿渣硅酸盐水泥的耐热性较

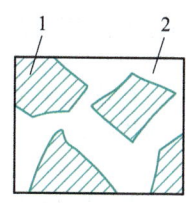 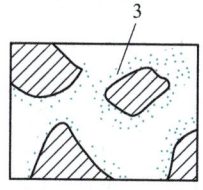 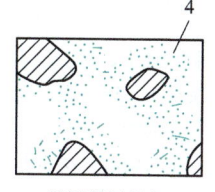 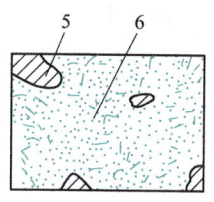

a) 水泥颗粒分散在水中　　b) 在水泥颗粒表面形成凝胶体膜层　　c) 膜层增厚并相互连接(凝结)　　d) 水化物进一步发展，填充毛细孔(硬化)

图 2-9　硅酸盐水泥凝结硬化过程

1—水泥颗粒　2—水　3—水泥凝胶体　4—晶体　5—未水化的水泥颗粒内核　6—孔隙

好，抗渗性差，且干燥收缩也较普通硅酸盐水泥大。

由硅酸盐水泥熟料、粉煤灰、适量石膏磨细所得的水硬性胶凝材料，称为粉煤灰硅酸盐水泥，简称粉煤灰水泥。粉煤灰硅酸盐水泥的干缩小、抗裂性好，但不宜用于干燥环境，且抗渗性较差，不宜用于抗渗要求高的混凝土工程。

4. 火山灰质硅酸盐水泥

火山灰质硅酸盐水泥是指由硅酸盐水泥熟料和火山灰质材料及石膏按比例混合磨细而成的水硬性胶凝材料。其水化硬化过程、发热量、强度、环境温度对凝结硬化、碳化速度等的影响与矿渣硅酸盐水泥相似，但抗冻性及耐磨性比矿渣硅酸盐水泥要差一些，故应避免用于有抗冻及耐磨要求的部位。

5. 复合硅酸盐水泥

由硅酸盐水泥熟料、两种或两种以上规定的混合材料、适量的石膏共同磨细所得的水硬性胶凝材料，称为复合硅酸盐水泥，简称复合水泥。

通用硅酸盐水泥的主要特性见表 2-6。

6. 其他品种的水泥

其他品种的水泥有白色硅酸盐水泥、快硬高强水泥等。白色硅酸盐水泥简称白水泥，主要用于各种装饰性混凝土及装饰性砂浆，如水刷石、水磨石及人造大理石等。快硬高强水泥有快硬硅酸盐水泥、快硬硫铝酸盐水泥、膨胀水泥等。

表 2-6　通用硅酸盐水泥的主要特性

名称	硅酸盐水泥	普通水泥	矿渣水泥	粉煤灰水泥
主要特性	1. 快硬早强 2. 水化热高 3. 耐冻性好 4. 耐热性差 5. 耐腐蚀性差	1. 早强 2. 水化热较高 3. 耐冻性较好 4. 耐热性较差 5. 耐腐蚀性较差	1. 早期强度低，后期强度增长较快 2. 水化热较低 3. 耐热性较好 4. 对硫酸盐类侵蚀抵抗力和抗水性较好 5. 抗冻性较差	1. 早期强度低，后期强度增长较快 2. 水化热较低 3. 耐热性较差 4. 对硫酸盐类侵蚀抵抗力和抗水性较好 5. 抗冻性较差

(续)

名称	硅酸盐水泥	普通水泥	矿渣水泥	粉煤灰水泥
适用范围	1. 适用于快硬早强工程 2. 配制高强度等级混凝土	1. 制造地上、地下及水中的混凝土、钢筋混凝土及预应力混凝土结构，包括受循环冻融的结构及早期强度要求较高的工程 2. 配制建筑砂浆	1. 大体积工程 2. 配制耐热混凝土 3. 蒸汽养护的构件 4. 一般地上、地下和水中的混凝土及钢筋混凝土结构 5. 配制建筑砂浆	1. 地上、地下、水中和大体积混凝土工程 2. 蒸汽养护的构件 3. 一般混凝土工程 4. 配制建筑砂浆

建筑材料——混凝土

2.3.4 混凝土

以胶凝材料、颗粒状集料（必要时加入的化学外加剂、掺合料、纤维等材料）为原材料，按比例配料、拌和、成型，经硬化而形成的具有堆聚结构的人造石材，统称为混凝土。

混凝土是一种重要的建筑材料，其原材料丰富，经久耐用，节省能源，价格较金属、塑料和木材都便宜，配制灵活，适应性好，抗压强度高，耐久性、耐火性、可塑性好，与钢筋的黏结力好，对环境保护有利，具有优越的技术性能及良好的经济效益。其缺点主要有：自重大，抗拉强度低，变形能力小，呈脆性，易开裂，硬化慢，生产周期长。

1. 普通混凝土

普通混凝土又称为水泥混凝土，通常简称混凝土，一般指以水泥为主要胶凝材料，与水、砂、石子，必要时掺入化学外加剂和矿物掺合料，按适当比例配合，经过均匀搅拌、密实成型及养护硬化而成的人造石材。

在混凝土中，石子为粗集料，主要起支承作用。砂为细集料，主要填充石子之间的空隙。水泥浆作为集料之间的润滑材料，其作用是包裹集料表面并填满集料间的空隙，使混凝土的拌合物具有流动性，并借助于水泥浆的凝结、硬化将粗、细集料胶结成整体。砂、石构成混凝土中坚硬的骨架，可承受外荷载作用，并兼有抑制水泥浆干缩的作用。混凝土的结构如图2-10所示。

在混凝土的组成中，集料一般占混凝土体积的70%～80%，水泥石占20%～30%，其中还含有少量的空气。除此之外，混凝土中还常掺入外加剂、掺合料，用于改善某些性能。

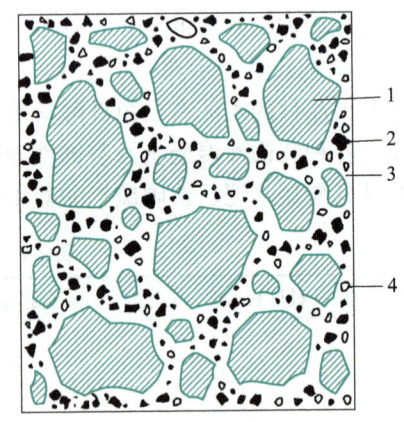

图2-10 混凝土结构示意图
1—石子 2—砂粒 3—水泥浆 4—气孔

2. 普通混凝土的组成材料

（1）水泥

水泥作为胶凝材料主要起胶结作用，是混凝土最重要的材料之一。工程上配制普通混凝土的水泥品种主要为通用硅酸盐水泥，必要时也可以选用特种水泥。

水泥品种要根据混凝土工程的特点、所处环境、温度及施工条件等方面来进行选择，详见表2-7。其强度等级的选择,应与混凝土强度等级相适应。水泥强度等级过高或过低,会导致水泥用量过少或过多,对混凝土的技术性能及经济效果都不利。

表2-7 常用水泥品种的选用

<table>
<tr><th colspan="2">混凝土工程特点或所处环境条件</th><th>优先选用</th><th>可以使用</th><th>不得使用</th></tr>
<tr><td rowspan="6">环境条件</td><td>在普通气候环境中的混凝土</td><td>普通硅酸盐水泥</td><td>矿渣硅酸盐水泥、火山灰硅酸盐水泥、粉煤灰硅酸盐水泥</td><td></td></tr>
<tr><td>在干燥环境中的混凝土</td><td>普通硅酸盐水泥</td><td>矿渣硅酸盐水泥</td><td>火山灰硅酸盐水泥、粉煤灰硅酸盐水泥</td></tr>
<tr><td>在高湿度环境中或永远处在水下的混凝土</td><td>矿渣硅酸盐水泥</td><td>普通硅酸盐水泥、火山灰硅酸盐水泥、粉煤灰硅酸盐水泥</td><td></td></tr>
<tr><td>严寒地区的露天混凝土、寒冷地区处在水位升降范围内的混凝土</td><td>普通硅酸盐水泥</td><td>矿渣硅酸盐水泥</td><td>火山灰硅酸盐水泥、粉煤灰硅酸盐水泥</td></tr>
<tr><td>严寒地区处在水位升降范围内的混凝土</td><td>普通硅酸盐水泥</td><td></td><td>火山灰硅酸盐水泥、粉煤灰硅酸盐水泥、矿渣硅酸盐水泥</td></tr>
<tr><td>受侵蚀性环境水或侵蚀性气体作用的混凝土</td><td colspan="3">根据侵蚀性介质的种类、浓度等具体条件按专门(或设计)规定选用</td></tr>
<tr><td rowspan="5">工程特点</td><td>厚大体积的混凝土</td><td>粉煤灰硅酸盐水泥、矿渣硅酸盐水泥</td><td>普通硅酸盐水泥、火山灰硅酸盐水泥</td><td>硅酸盐水泥、快硬硅酸盐水泥</td></tr>
<tr><td>有快硬要求的混凝土</td><td>快硬硅酸盐水泥、硅酸盐水泥</td><td>普通硅酸盐水泥</td><td>矿渣硅酸盐水泥、火山灰硅酸盐水泥、粉煤灰硅酸盐水泥</td></tr>
<tr><td>高强(大于C60)的混凝土</td><td>硅酸盐水泥</td><td>普通硅酸盐水泥、矿渣硅酸盐水泥</td><td>火山灰硅酸盐水泥、粉煤灰硅酸盐水泥</td></tr>
<tr><td>有抗渗性要求的混凝土</td><td>普通硅酸盐水泥、火山灰硅酸盐水泥</td><td></td><td>矿渣硅酸盐水泥</td></tr>
<tr><td>有耐磨性要求的混凝土</td><td>硅酸盐水泥、普通硅酸盐水泥</td><td>矿渣硅酸盐水泥</td><td>火山灰硅酸盐水泥、粉煤灰硅酸盐水泥</td></tr>
</table>

注:1. 蒸汽养护时用的水泥品种,宜根据具体条件通过试验确定。
  2. 复合硅酸盐水泥选用应根据其混合材料的比例确定。

(2)细集料

公称粒径在0.15~4.75mm之间的集料称为细集料,也叫砂。砂按来源不同分为天然砂、人工砂两类,我国建筑用砂以天然砂为主。

天然砂按产源不同,分为山砂、河砂、江砂和海砂。山砂与河砂相比,其含泥量和含有机杂质较多；海砂常混有贝壳碎片，含较多盐分。工程项目多使用河砂；若使用山砂和海砂，则应按技术要求进行检验。

人工砂是指经过处理的机制砂，由机械破碎、筛分制成。人工砂的表面粗糙，颗粒多棱角，经过除土处理后较清洁，但成本较高。

(3) 粗集料

粒径大于 4.75mm 的岩石颗粒称作粗集料，分为卵石和碎石两类。

(4) 水

用来拌制和养护混凝土的水，不应含有能够影响水泥正常凝结与硬化的有害杂质、油脂和糖类等。可供饮用的自来水或清洁的天然水，一般都可用来拌制和养护混凝土。

(5) 混凝土外加剂

1) 减水剂。减水剂的主要成分是表面活性剂，它对水泥的作用主要是表面活性作用，本身不与水泥发生化学反应。减水剂在水泥混凝土中的作用包括：吸附分散、湿润、润滑等。目前减水剂主要有：木质素磺酸盐系减水剂、萘系减水剂、聚羧酸盐系减水剂等，其中常用减水剂的性能对比见表2-8。

表2-8 常用减水剂的性能对比

减水剂种类	木质素磺酸钙	萘系	聚羧酸
掺量	0.15%~0.3%	0.3%~1.0%	0.1%~0.4%
减水率	8%~12%	12%~25%	最高可达45%
保坍性能	一般	坍损大	坍损小
凝结时间	0~90min	-60~90min	可调
增强效果	110%~120%	120%~145%	140%~250%
收缩率	100%~110%	100%~120%	80%~100%
水泥适应性	相对较差	适应性强	相对较差
结构可调性	不可调	不可调	结构可变多，高性能化潜力大
作用机理	静电排斥	静电排斥	空间位阻为主

2) 引气剂。引气剂有界面活化作用及引气作用。界面活化作用指引气剂在水中被界面吸附，形成憎水化吸附层，降低界面能，使界面性质显著改变，尤其是能够吸附在混凝土拌合物在搅拌过程中产生的微细气泡表面，形成稳定的吸附膜，使气泡成为溶胶性气泡，彼此独立、均匀分布于混凝土拌合物中而不易破灭。

3) 早强剂。早强剂是加速混凝土早期强度发展的外加剂，可用于蒸养混凝土及常温、低温和变温（最低气温不低于-5℃）条件下施工的有早强或防冻要求的混凝土工程。

4) 缓凝剂。按照化学成分不同，缓凝剂可分为有机缓凝剂和无机缓凝剂两类。

有机缓凝剂具有表面活性作用，能在水泥颗粒的固液界面吸附，改变水泥颗粒表面的亲水性，形成一层可抑制水泥水化的缓凝剂膜层，从而导致混凝土凝结时间的延长。无机缓凝剂主要是在水泥颗粒表面形成一层不溶性的薄层，阻止水泥颗粒与水的接触，从而延缓水泥的水化，起到缓凝作用。

3. 混凝土的技术性质

(1) 和易性

和易性是指在一定施工条件下，便于混凝土的搅拌、运输、浇筑、振捣等施工操作，并能获得均匀、密实的混凝土的一种综合性能。混凝土拌合物必须具有良好的和易性，才能便于施工并制得密实而均匀的混凝土硬化体，从而保证混凝土质量。

混凝土浇筑及养护

（2）强度

强度是硬化混凝土最重要的技术性质之一，也是工程施工中控制和评定混凝土质量的主要指标。混凝土的强度分为抗压强度、抗拉强度、抗弯强度、抗剪强度和与钢筋的黏结强度等。

（3）变形

混凝土在硬化后和使用过程中，受各种因素影响会产生变形。混凝土有两种变形：一种是荷载作用下的变形，如弹塑性变形、徐变等；另一种是非荷载作用下的变形，如干湿变形、温度变形、自身体积变形、自收缩等。

（4）耐久性

混凝土的耐久性是指混凝土构件在长期使用条件下抵抗各种破坏因素作用而保持其原有性能的性质。耐久性包括抗渗性、抗冻性、防止碱-集料反应、抗侵蚀性以及抗碳化性等。

4. 特种混凝土

（1）抗渗混凝土

抗渗混凝土是指抗渗等级不低于P6级的混凝土，即它能抵抗0.6MPa的静水压力而不发生透水现象。采用外加剂法或采用无收缩不透水水泥、膨胀水泥等拌制混凝土，可改善混凝土内部孔结构，有效提高混凝土的密实程度和抗渗能力。

（2）耐热混凝土

耐热混凝土是指能长期在高温（200~900℃）作用下保持所要求的物理和力学性能的特种混凝土，有矿渣水泥耐热混凝土、水玻璃耐热混凝土等种类。耐热混凝土多用于高炉基础，焦炉基础，热工设备基础及围护结构、护衬、烟囱等。

（3）耐酸混凝土

能抵抗多种酸及大部分酸性腐蚀性气体侵蚀作用的混凝土称为耐酸混凝土，有水玻璃耐酸混凝土、硫磺耐酸混凝土之分，常用于地面、设备基础、贮酸池槽等。

智能材料——碳纤维智能混凝土

智能材料是一种能感知外部刺激，能够判断并适当处理且本身可执行的新型功能材料。智能材料是继天然材料、合成高分子材料、人工设计材料之后的第四代材料，是现代高技术新材料发展的重要方向之一，实现结构功能化、功能多样化。智能材料的研制和大规模应用会使材料科学迅速发展。一般来说，智能材料有七大功能，即传感功能、反馈功能、信息识别与积累功能、响应功能、自诊断能力、自修复能力和自适应能力。

大型土木工程结构和基础设施使用期长达几十年，甚至上百年。在其使用过程中，由于环境荷载作用、疲劳效应、腐蚀效应和材料老化等不利因素的影响，结构将不可避免地产生损伤积累、抗力衰减，甚至导致突发事件的发生。为了有效避免突发事件的发生，就必须加强对此类结构和设施的健康监测。

一种称为碳纤维智能混凝土的智能材料，在大型土木工程健康监测中已得到应用。碳纤维智能混凝土是一种在普通混凝土中均匀加入短切碳纤维而构成的纤维增强水泥基复合材料。与普通混凝土相比，它不仅抗拉强度高、极限抗拉应变大，而且还具有温度和压力的自感知及电磁屏蔽等特性，是土木工程界的新型功能材料，在大型土木工程结构和基础设施的健康监测以及电子设备的电磁屏蔽等领域具有广泛的应用前景。

点评：智能混凝土是近年来国内外正在研究和开发的一种新材料，是一种能感知周围环境的变化，并且能针对这一变化采取相应对策的混凝土材料。当前碳纤维智能混凝土的研究主要有自感应混凝土，如美国科学家首先发现将一定形状、尺寸和掺量的短切碳纤维掺入混凝土材料中，可以使材料具有自感知内部应力、应变和损伤程度的功能。当然，有关碳纤维智能混凝土的研究尚处于探索阶段，实际应用仍需我们土木工程人员在理论研究和施工等方面做很多工作。

2.3.5 砂浆

砂浆由胶结材料、细集料和水，有时也掺入某些外掺材料，按一定比例配合调制而成。用于砖石砌体的砂浆称为砌筑砂浆，起着黏结砖石和传递荷载的作用，是砌体的重要组成部分。

1. 砂浆的主要技术性质

（1）流动性

砂浆的流动性也叫稠度，是指在自重或外力作用下是否易于流动的性能。影响砂浆流动性的因素与混凝土相同，即胶凝材料种类和用量，用水量，细集料种类、颗粒粗细、形状、级配、用量，塑化剂种类、用量，掺合料用量以及搅拌时间等。

（2）保水性

砂浆保水性是指砂浆保存水分的能力，也指砂浆中各组成材料不易分离的性质。

（3）抗压强度

砂浆强度等级是以 70.7mm×70.7mm×70.7mm 的 6 个立方体试块，按标准条件制作并养护至 28d 的抗压强度代表值确定的。砂浆的强度等级分为 M2.5、M5、M7.5、M10、M15、M20 这 6 个等级。

（4）黏结性

一般来说，砂浆的黏结性随着抗压强度的增大而提高。此外，它也与砌体材料的表面状态、清洁程度、润湿情况以及施工养护条件有关。

2. 特种砂浆

（1）防水砂浆

防水砂浆是用作防水层的砂浆，是一种具有高抗渗性能的砂浆，可用于在不受振动作用的混凝土、砖石结构等稳定的基底上铺设刚性防水层。

（2）保温砂浆

保温砂浆是将水泥、石膏等胶凝材料与轻质多孔集料（膨胀珍珠岩、膨胀蛭石、浮石、陶粒等）按一定比例配制而成的砂浆，具有轻质、保温的特性，主要用于屋面、墙体绝热层和热水、空调管道的绝热层。常用的保温砂浆有水泥膨胀珍珠岩砂浆、水泥膨胀蛭石砂浆、水泥石灰膨胀蛭石砂浆等。

（3）吸声砂浆

吸声砂浆是采用轻质集料拌制而成的保温砂浆，由于集料内部孔隙率大，因此具有良好的吸声性能。若在吸声砂浆内掺入锯末、玻璃纤维、矿物棉等松软的材料，则能获得更好的吸声效果。吸声砂浆主要用于室内的吸声墙面和顶面。

（4）膨胀砂浆

在水泥砂浆中加入膨胀剂，或使用膨胀水泥，可配制膨胀砂浆。膨胀砂浆具有一定的膨胀特性，可补偿水泥砂浆的收缩，防止干缩开裂。膨胀砂浆还可在修补工程和装配式大板工程中应用，靠其膨胀作用填充缝隙，以达到黏结密封的目的。

（5）聚合物砂浆

聚合物砂浆是一种，在建筑砂浆中添加聚合物黏结剂，从而使砂浆性能得到很大改善的新型建筑材料，有以下两种。

1）树脂砂浆。在合成树脂中加入固化剂（如乙二胺、苯磺酰氯等）和粉料、细集料配制而成，常用的有环氧树脂砂浆、酚醛树脂砂浆等。具有良好的耐腐蚀、防水、绝缘等性能和较高的黏结强度，常用作防腐蚀面层。

2）聚合物水泥砂浆。往水泥砂浆中加入适量聚合物胶黏剂（如聚乙烯醇）、颜料和少量其他附加剂，加水拌合而成。如聚合物抗裂抹面砂浆，是一种既具有高分子聚合材料的柔性，又具有无机材料的耐久性的水泥基抗裂面层材料，能提高砂浆抗裂性能、保水性能，降低初期的水化热，减少砂浆干缩，改善和易性，增强后期强度和抗渗性，无毒、无味、无污染，安全环保。

RG-B 型聚合物抹面抗裂砂浆

2.3.6 建筑钢材

钢指含碳量在 2.11% 以下的铁、碳合金。建筑钢材是指建筑工程中所用的各种钢材，包括钢结构中用的各种型钢（圆钢、角钢、槽钢和工字钢）、钢板和钢筋混凝土中用的各种钢筋和钢丝等。

钢材是在严格的技术控制条件下生产的，具有品质均匀致密、强度高、塑性及韧性好、能承受冲击和振动荷载等优点；同时具有优良的可加工性能，可以锻压、焊接、铆接及切割，便于装配。钢材易锈蚀，需定期维护，成本及维护费用大，耐火性差。

钢筋加工

1. 建筑钢材的技术性质

（1）力学性能

力学性能又称机械性能，建筑钢材的主要力学性能有抗拉性、抗冲击性、耐疲劳性、硬度和应力松弛等。

1）抗拉性。抗拉性是建筑钢材最主要的技术性能。钢材被拉伸的过程可划分为弹性阶段、屈服阶段、强化阶段和颈缩阶段四个阶段。

弹性阶段反映钢材的弹性。若去掉拉力，试样能恢复原状，则这种性能称为弹性，产生的应力为弹性极限。若钢材受拉超过弹性极限，去掉外力后试样变形也不能完全消失，则表明已经出现了塑性变形，到达了屈服阶段。拉伸力不再增加，试样继续伸长时的应力称为屈服强度。试样在外力作用下达到屈服强度以后，变形迅速增加，尽管还没有破坏，但已经不能满足使用要求。

从图 2-11 可以看出，试样在屈服强度以后，抗塑性变形的能力又重新提高，这种现象称为钢材的强化。当曲线达到最高点 m 以后，试样薄弱处急剧缩小，塑性变形迅速增加，产生颈缩现象（图 2-12）直至拉断。试样拉断所对应的应力称为抗拉强度。

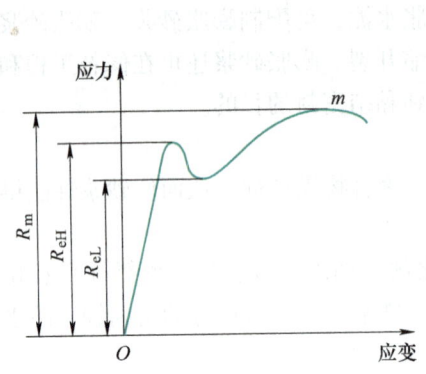

图 2-11 低碳钢拉伸过程中拉伸曲线图　　图 2-12 颈缩现象示意图

2) 塑性。钢的塑性是指在外力作用下钢破坏前产生塑性变形的能力。塑性变形越大，表明钢的塑性越好。

3) 冲击韧性。冲击韧性是指钢材抵抗冲击荷载的能力。冲击韧性越大，表示冲断试件消耗的能量越大，钢材冲击韧性越好，脆性破坏的危险性越小。

4) 耐疲劳性。钢材受交变荷载作用，在应力远低于其抗拉强度时突然发生脆断的现象，称为疲劳破坏。其抵抗疲劳破坏的能力称为耐疲劳性。

（2）工艺性能

1) 焊接性。建筑工程中，无论是钢结构的组合，还是钢筋骨架、接头、预埋件的连接等，绝大多数是采用焊接工艺加工的。焊接连接是钢结构的主要连接方式，因此，建筑钢材应具有良好的焊接性。

2) 冷弯性。建筑工程施工过程中常要求将钢筋、钢板及其他型材弯曲成所需要的形状、角度，冷弯性即指钢材在常温条件下承受弯曲变形的能力。

钢筋焊接——电渣压力焊

2. 钢结构用钢材

钢结构用钢材主要是热轧型钢、钢管和钢板等。

（1）热轧型钢

目前，各种规格的型钢，如槽钢、角钢、工字钢、T 型钢、H 型钢和 Z 型钢等（图 2-13），广泛用于工业建筑中的主要承重结构及辅助结构、大型公共建筑中的轻钢结构等。

（2）钢管

钢结构中常用热轧无缝钢管和焊接钢管。热轧无缝钢管主要用于蒸汽、煤气、天然气等高压管道，加工建筑构件或机械零件等；焊接钢管主要用来输送水、煤气和用作建筑物中采暖系统的管道，也可以用作建筑构件，如扶手、栏杆、施工中所用的脚手架等。

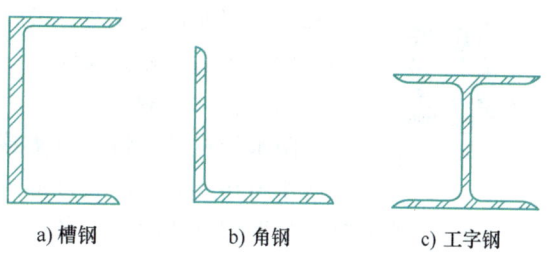

图 2-13 槽钢、角钢、工字钢的截面形状

(3) 钢板

钢板是用轧制方法生产的、宽厚比很大的矩形板状钢材。钢板按轧制方法（温度）不同分为热轧板和冷轧板；按厚度不同，热轧板分为厚板（厚度大于 4mm）和薄板（厚度为 0.35~4mm）。

3. 钢筋混凝土结构用钢材

钢筋混凝土用钢材主要指钢筋。钢筋是土木工程中使用最多的钢材品种之一。

钢筋绑扎

钢筋按生产工艺性能和用途的不同可分为以下几类。

(1) 热轧钢筋

钢筋混凝土结构对热轧钢筋的要求是机械强度较高，具有一定的塑性、韧性、冷弯性和焊接性。

(2) 热处理钢筋

热处理钢筋是用热轧螺纹钢筋经淬火和回火的调质处理而制成的，目前主要用于预应力混凝土。

(3) 冷加工钢筋

为了提高强度以节约钢筋，工程中常按施工规程对钢筋进行冷拉或冷拔。冷拉后钢筋的强度较高，但塑性、韧性变差，不宜用于受冲击或重复荷载作用的结构。冷拔低碳钢丝是用直径 6.5~8mm 的低碳素钢筋通过拔丝机进行多次强力拉拔而成的。冷轧带肋钢筋是用热轧盘条经多道冷轧减径，一道压肋并消除内应力后形成的一种带有二面或三面月牙形的钢筋。冷轧带肋钢筋的钢材强度高，可节约建筑钢材和降低工程造价，与混凝土之间的黏结锚固性能良好。作为一种建筑钢材，冷轧带肋钢筋广泛用于建筑工程、高速公路、机场、市政、水电管线中。

(4) 预应力混凝土用钢绞线

钢绞线具有强度高、柔韧性好、无接头、与混凝土黏结性能好、易于锚固等优点，使用时按要求的长度切割。预应力混凝土用钢绞线主要用作重荷载、大跨度的后张法预应力屋架、桥梁、薄腹梁等结构的预应力钢筋。

2.3.7 防水材料

防水材料主要用于房屋建筑的屋面防水、地下室防水、桥面防水、水利工程中的防水等，其质量的优劣与建筑物、构筑物的使用寿命密切相关。

土木工程中常用的防水材料主要有以下几种。

(1) 沥青类防水材料

以天然沥青、石油沥青和煤沥青为主要原材料，制成的沥青油毡，纸胎沥青油毡，溶剂

SBS 防水卷材

JS 水泥基
复合防水涂料

型和水乳型沥青类或沥青橡胶类涂料、油膏，具有良好的黏结性、塑性、防水性、防腐性和耐久性。

（2）防水卷材

防水卷材是指将沥青类或高分子类防水材料浸渍在胎体上，制作成的防水材料产品，以卷材形式提供。根据主要组成材料不同，防水卷材可分为沥青防水卷材、高聚物改性沥青防水卷材和合成高分子防水卷材三大类。

（3）防水涂料

防水涂料是一种流态或半流态物质，涂布在基层表面，经固化后形成防水薄膜，具有一定的延伸性、弹塑性、抗裂性、抗渗性，能起到防水、防渗和保护作用。

（4）密封材料

在土木工程中，为了保证建筑物的水密性和气密性，在建筑物构件的接合部位及接缝（伸缩缝、施工缝、变形缝）处，需填充具有一定弹性、黏结性及密封性的材料，即密封材料。工程中常用的密封材料有建筑防水沥青嵌缝油膏、聚氯酯密封膏、聚硫橡胶密封膏、聚氯乙烯嵌缝接缝膏和塑料油膏。

2.3.8 其他功能材料

1. 建筑保温、隔热材料

使用建筑保温、隔热材料一方面可改善居住舒适度，另一方面可以节能，具有重要意义。导热系数 λ 是衡量保温、隔热材料性能优劣的主要指标。导热系数越小，则通过材料传送的热量越少，保温、隔热性能就越好。绝大多数土木工程材料的导热系数介于 $0.023 \sim 3.44 \mathrm{W}/(\mathrm{m} \cdot \mathrm{K})$ 之间。

材料的导热系数决定于材料的成分、内部结构、容重等，也决定传热时的平均温度和材料的含水率。几种屋面保温材料的导热性能指标见表 2-9。

表 2-9 屋面保温材料的导热性能指标

材料名称	导热系数标准值 $\lambda[\mathrm{W}/(\mathrm{m} \cdot \mathrm{K})]$	修正系数 a	导热系数计算值 $\lambda_c/[\mathrm{W}/(\mathrm{m} \cdot \mathrm{K})]$
真空保温板	0.008	1.4	0.011
硬泡聚氨酯（PU）	0.024	1.1	0.026
挤塑聚苯板（XPS）	0.030	1.2	0.036
模塑聚苯板（EPS）	0.041	1.3	0.053
泡沫玻璃板	0.062	1.2	0.074
发泡水泥板	0.065	1.2	0.078

2. 建筑防火材料

建筑防火材料主要有防火涂料和防火板两种。

建筑防火涂料是指本身为不燃材料，使用于可燃性基材表面，用于降低材料表面燃烧特性、阻止火灾迅速蔓延，或是使用于建筑构件上，用于提高构件耐火极限的特种涂料。

防火板又名耐火板，是表面装饰用耐火建材，有丰富的表面色彩、纹路以及特殊的物理性能，具有耐磨、耐高温、保温隔热、抗渗透、轻质高强、加工方便、绿色环保等优点，广泛用于室内装饰、外墙等处。

3. 建筑吸声材料

建筑吸声材料是指吸声系数比较大的材料和结构，主要有多孔吸声材料（岩棉、珍珠岩、陶粒）、穿孔板结构、薄板吸声结构（胶合板、石膏板、铝合金板）、薄膜吸声结构（塑料薄膜、人造革）等。吸声系数是评定材料吸声性能好坏的主要指标。

4. 胶黏剂

胶黏剂是指具有良好的黏结性能，能把两物体牢固地胶连起来的一类物质。胶黏剂广泛应用于建筑室内外装修工程中，如墙面、地面、吊顶工程的装修黏结，还常用于屋面防水、地下防水、管道工程、新旧混凝土的接缝、金属构件及基础的修补等，也可用于生产各种新型建筑材料。

思 考 题

1. 土木工程材料按功能不同可分为哪几类？各自有什么用途？
2. 常见的土木工程材料主要有哪些？
3. 土木工程材料的力学性质有哪些？

行业丰碑

超高性能混凝土

超高性能混凝土（图2-14），简称UHPC（ultra-high performance concrete），也称作活性粉末混凝土，是一种突破传统混凝土性能瓶颈的新型建筑材料，实现了工程材料性能的大跨越。

"超高性能混凝土"中的"超高"包含两个方面——超高的耐久性和超高的力学性能。普通混凝土、高性能混凝土和超高性能混凝土材料的性能对比见表2-10。

图2-14　超高性能混凝土

表2-10　普通混凝土、高性能混凝土和超高性能混凝土材料的性能对比

项目	普通混凝土NSC	高性能混凝土HPC	超高性能混凝土UHPC
抗压强度/MPa	20~40	40~96	120~180
水胶比	0.40~0.70	0.24~0.35	0.14~0.27
圆柱劈裂抗拉强度/MPa	2.5~2.8	—	4.5~24
最大集料粒径/mm	19~25	9.5~13	0.4~0.6
孔隙率	20%~25%	10%~15%	2%~6%
孔尺寸/mm	—	—	0.000015

(续)

项目	普通混凝土 NSC	高性能混凝土 HPC	超高性能混凝土 UHPC
韧性	—	—	比 NSC 大 250 倍
断裂能/[(kN·m)/m]	0.1~15	—	10~40
弹性模量/GPa	14~41	31~55	37~55
断裂模量（第一条裂缝）/MPa	2.8~4.1	5.5~8.3	7.5~15
极限抗弯强度/MPa	—	—	18~35
吸水率	<10%	<6%	<5%
氯离子扩散系数（稳定状态扩散）/(mm²/s)	—	—	$<2\times10^{-12}$
二氧化碳/硫酸盐渗透	—	—	—
抗冻融性能	10%耐久	90%耐久	100%耐久
抗表面剥蚀性能	表面剥蚀量>1	表面剥蚀量 0.08	表面剥蚀量 0.01
泊松比	0.11~0.21	—	0.19~0.24
徐变系数 Cu	2.35	1.6~1.9	0.2~1.2
收缩	—	—	—
流动性（工作性）/mm	测量坍落度	测量坍落度	测量坍落度
含气量	4%~8%	2%~4%	2%~4%

超高性能混凝土的设计理论是最大堆积密度理论，其不同粒径的颗粒组成材料以最佳比例形成最紧密堆积，从而实现最大堆积密度，即毫米级颗粒（集料）堆积的间隙由微米级颗粒（水泥、粉煤灰、矿粉）填充，微米级颗粒堆积的间隙由亚微米级颗粒（硅灰）填充。

超高性能混凝土与普通混凝土或高性能混凝土不同的方面包括：不使用粗集料，必须使用硅灰和纤维（钢纤维或复合有机纤维），水泥用量较大，水胶比很低。

超高性能混凝土堪称耐久性最好的工程材料之一，适当配筋的超高性能混凝土，其力学性能接近钢结构，同时超高性能混凝土具有优良的耐磨、抗爆性能。超高性能混凝土适用于大跨径桥梁、抗爆结构（军事工程、银行金库等）和薄壁结构，以及高磨蚀、高腐蚀环境。目前，超高性能混凝土已经在一些实际工程中应用，如大跨径人行天桥、公路、铁路、桥梁、薄壁筒仓、核废料罐、钢索锚固加强板、ATM 机保护壳等。

职业启示：超高性能混凝土已经成为土木工程领域的应用重点，尽管我国对于超高性能混凝土的研究不断深入，但当前应用仍处于较为初级阶段，在实际应用中仍存在巨大难题，限制行业发展。作为当代大学生，平时要认真学习，利用专业的知识来报效祖国，要坚持敢为人先、锐意进取，努力实现新突破。

单元 3　地基与基础

单元概述

本单元主要介绍地基与基础的基本概念、工程地质勘察方法,并对浅基础、深基础的类型以及地基处理的方法进行详细介绍。

单元目标

知识目标:
(1) 掌握地基与基础的基本概念。
(2) 了解工程地质勘察方法。
(3) 掌握浅基础、深基础的概念与分类。
(4) 熟悉地基处理的方法。

素养目标:
(1) 培养劳动精神和工匠精神,树立崇尚劳动、尊重劳动的意识,弘扬劳动精神。
(2) 培养安全生产观念,增强遵守职业道德和提高职业技能的自觉性。

3.1　地基与基础的相关概念

建筑物或者构筑物以地面为界分为上部结构和下部结构两部分,上部结构即为地面以上的部分,下部结构即为地面以下的部分,也称为基础。基础承受建筑物上部结构传下来的全部荷载,并把这些荷载连同本身的重量一起传到地基上。地基则是承受由基础传下的荷载的土体或岩体,如图 3-1 所示。

地基分为天然地基和人工地基。具有足够的承载能力,不需要经过人工加固,可直接在其上部建造房屋的土层称为天然地基;承载力较差或虽然质地较好,但上部荷载过大时,需要经过人工处理加固的土层叫人工地基。对地基进行人工处理称为地基处理或

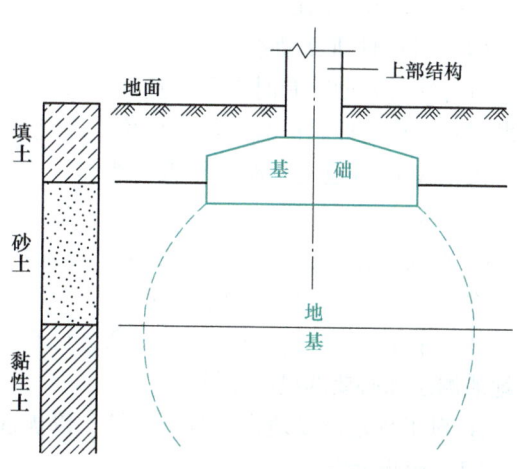

图 3-1　地基与基础

者地基加固。

地基承载力是指地基在荷载作用下，不丧失其稳定性，地基压缩变形在容许范围内时，地基单位面积上所能承受的最大荷载。

3.2 工程地质勘察

3.2.1 工程地质勘察概述

工程地质勘察是工程地质学的分支，土木等工程领域的工程地质勘察又称岩土工程勘察，它是工程规划、设计和施工前期必须要进行的工作。工程地质勘察的目的是通过运用地质、工程地质、水文地质及相关学科的理论知识和相应技术方法，在工程建设场地及其附近进行调查与研究，为工程建设的合理规划、设计和施工等提供符合精度要求的可靠地质资料，以保证工程建设的安全和经济性。

1. 工程地质勘察的任务

工程地质勘察的任务是为工程规划、设计、施工提供可靠的地质依据和资料，以便充分利用有利的自然因素，避开或改造不利的地质环境，以保证工程建筑物的安全稳定、经济合理和正常使用。

1) 查明建筑场地的工程地质条件，包括工程地质环境的特征及其形成过程和控制因素。
2) 查明与拟建工程有关的工程地质问题，为工程设计和施工提供可靠的工程地质依据。
3) 遴选合适的工程建设场地，论证工程建设场地对拟建工程的适宜性。
4) 配合拟建工程的设计与施工提出相关的合理化建议。
5) 预测工程建设对工程地质环境的影响，并提出保护地质环境的方法与措施。

2. 工程地质勘察阶段划分

工程地质勘察应分阶段进行：工程选址阶段应进行可行性研究勘察，初步设计阶段应进行初步勘察，施工图设计阶段应进行详细勘察。

（1）可行性研究勘察

可行性研究勘察有时也称为选址勘察，其主要任务是选定建筑场址（或线路方案），通过勘察对其稳定性和适宜性作出评价，经过技术、经济论证选择最优方案。

① 搜集区域地质、地形地貌、地震、矿产和附近地区的工程地质资料，了解当地的工程建设经验。

② 在充分搜集和分析已有资料的基础上，通过踏勘了解工程建设场地的地层、构造、岩土性质、不良地质作用和水文地质等工程地质条件。

③ 当拟建场地工程地质条件复杂，已有资料不能满足要求时，应根据具体情况进行工程地质测绘和必要的勘探工作。

④ 对工程建设场地进行分析比较，以优选合理的工程建设场地。

（2）初步勘察

如果可行性研究获得通过，则对工程建设项目展开初步设计，为此而进行的工程地质勘察阶段称为初步勘察阶段，其主要任务是确定建筑物的具体位置、选择建筑物地基基础方案、对不良地质现象的防治措施进行论证。

（3）详细勘察

详细勘察应该密切结合工程结构技术设计，按具体工程提出详细工程地质资料和所需岩土技术参数，为工程设计、地基处理与加固以及不良工程地质现象处治等具体方案作出论证、结论和建议。

3. 工程地质勘察的方法

工程地质勘察的方法有测绘、勘探、试验和监测，如图3-2所示。

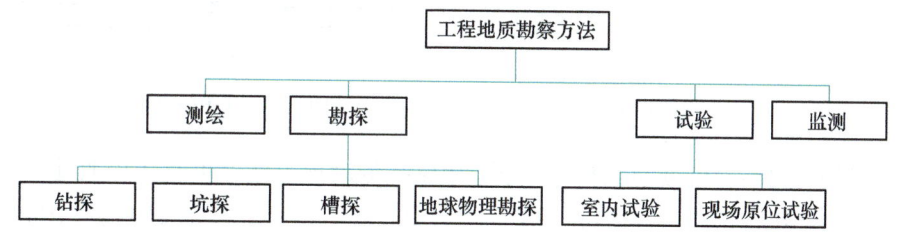

图 3-2　工程地质勘察方法

3.2.2　工程地质测绘

工程地质测绘是基本的勘察方法和基础性工作，通过测绘可将测区的工程地质条件反映在一定比例尺的地形底图上。其目的是根据野外调查或综合研究勘察区的地质条件，并结合其他勘察资料对场地或建筑地段的稳定性、适宜性作出评价，也为布置勘察方案提供依据。

工程地质测绘的具体内容包括测区的地层岩性、地质构造、地形地貌、水文地质、工程动力地质现象以及天然建筑材料等。

常用的地质测绘方法有相片成图法和实地测绘法。实地测绘法又包含路线法、布点法、追索法。实地测绘常用的仪器有全站仪、经纬仪、水准仪，如图3-3所示。经纬仪是测量水平角和竖直角的仪器；水准仪是测量两点间高差的仪器；全站仪也称为电子速测仪，是快速进行测距、测角、计算、记录等多功能的电子测量仪器。

目前遥感技术已广泛应用于工程地质测绘中。遥感技术是从人造卫星、飞机或其他飞行器上收集地物目标的电磁辐射信息，判断地球环境和资源的技术。

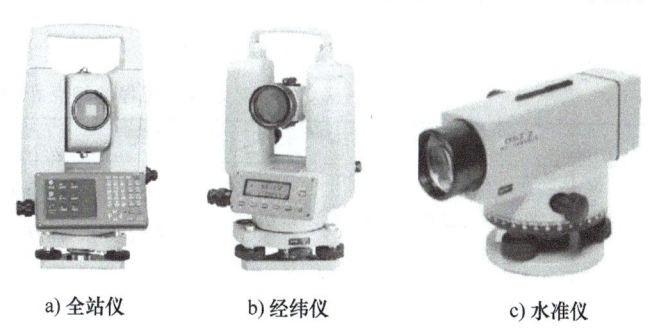

a) 全站仪　　b) 经纬仪　　c) 水准仪

图 3-3　实地测绘常用仪器

3.2.3　工程地质勘探

工程地质勘探一般在工程地质测绘的基础上进行。它可以直接深入地下岩土层取得所需要的工程地质资料，是探明深部地质情况的一种方法。

工程地质勘探的方法有钻探（图3-4）、坑探（图3-5）、槽探、地球物理勘探等。

图3-4　钻探示意图

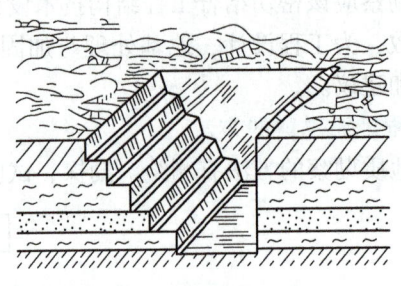

图3-5　坑探示意图

1）钻探是利用钻探机械和工具在岩土层中钻孔的勘探方法，可直接探明地层岩性、地质构造、地下水埋深、含水层类型和厚度，还可取岩芯。钻探是工程地质勘察中应用最广泛的一种勘察手段，可以获得深层的地质资料，但操作复杂，勘探费用高。

2）坑探、槽探是用人工或机械的方式挖掘坑、槽、井、洞，以便直接观察岩土层的天然状态及各地层的地质结构，并取出接近实际的原状土样。常见的坑探工程有探槽、探坑、浅井、竖井（斜井）、平硐和石门，如图3-6所示，其中前三者为轻型坑探工程，后三者为重型坑探工程。

几种常见坑探工程的特点和适用条件见表3-1。

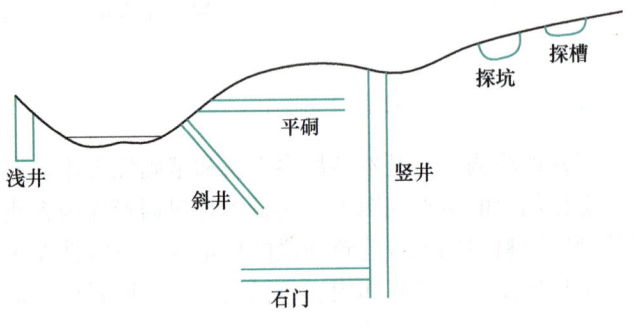

图3-6　常见的坑探工程

表3-1　常见坑探工程的特点和适用条件

名称	特点	适用条件
探槽	在地表深度小于3m的长条形槽子	剥除地表覆土，揭露基岩，划分地层岩性，研究断层破碎带；探查残坡积层的厚度和结构
探坑	从地表向下，铅直的、深度小于3m的圆形或方形小坑	局部剥除覆土，揭露基岩；做载荷试验、渗水试验，取原状土样
浅井	从地表向下，铅直的、深度为5~15m的圆形或方形井	确定覆盖层及风化层的岩性及厚度；做载荷试验，取原状土样
竖井（斜井）	形状与浅井相同，但深度大于15m，有时需支护	了解覆盖层的厚度和性质，绘制风化壳分带、软弱夹层分布、断层破碎带及岩溶发育情况、滑坡体结构及滑动面等图纸；布置在地形较平缓、岩层又较缓倾的地段

3）地球物理勘探是以专用仪器探测地壳表层各种地质体的物理场来进行地层划分，判明地质构造、水文地质及各种物理地质现象的地球勘探方法，又称为物探。物探是一种间接的勘探手段，它的优点是较之钻探和坑探轻便、经济而迅速，能够及时解决工程地质测绘中难以推断而又急待了解地下地质情况的问题，所以常常与测绘工作配合使用。

3.2.4 工程地质试验

工程地质试验的主要目的是为岩土工程问题分析评价提供所需的技术参数，包括岩土的物性指标、强度参数、固结变形特性参数、渗透性参数，以及应力、应变时间关系的参数等。

工程地质试验有现场原位试验和室内试验。

1. 现场原位试验

现场原位试验是指在工程地质勘察现场，在不扰动或基本不扰动地层的情况下对地层进行测试，以获得所测地层的物理力学性质指标及划分地层的一种勘察技术手段，是详细勘察阶段的主要勘察方法。现场原位试验包括静力载荷试验、静力触探试验、标准贯入试验、十字板剪切试验、旁压试验、土压力测试等。

（1）现场原位试验的优点

① 试样不脱离原来的环境，基本上在原位应力条件下进行试验。
② 所测定的岩土体尺寸大，能反映宏观结构对岩土性质的影响，代表性好。
③ 试验周期较短，效率高。
④ 对难以采样的岩土层，仍能通过试验评定其工程性质。

（2）现场原位试验的缺点

① 试验时的应力路径难以控制。
② 边界条件较复杂。
③ 有些试验耗费人力、物力较多，不可能大量进行。

2. 室内试验

室内试验包括岩土工程性质试验、化学试验与检测、工程地质问题的专门试验。

3.2.5 工程地质监测

工程地质监测就是对施工过程中及完工后由于工程施工和使用引起的岩土性状、周围环境条件（包括工程地质、水文地质条件）及相邻结构、设施等因素的变化进行各种观测工作，监视其变化规律和发展趋势，从而了解施工对各因素的影响程度，以便及时在设计、施工和维护上采取相应防治措施。

工程地质监测的主要任务是检验测绘、勘探对工程地质条件评价的正确性，查明动力地质作用及其影响因素随时间的变化规律，准确预测地质问题，为防止不良地质作用所采取的措施提供可靠的工程地质依据，检查为防止不良地质作用而采取处理措施的效果。

工程地质监测有地基沉降与位移观测和地基土中应力观测两大类，主要内容如图3-7所示。

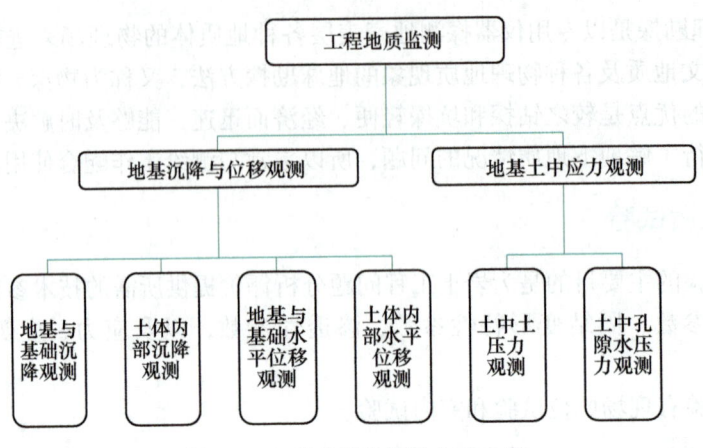

图 3-7　工程地质监测的主要内容

行业前沿

我国地质勘察技术的发展

1. 技术的多样化发展

当前，我国研发人员对于地质勘察技术进行了更加深入的研究，原有的勘察技术更加成熟，并出现了很多新的勘察技术，使得我国勘察技术更加多种多样。很多勘察技术已经与相关领域的其他技术相结合，形成一种综合性的技术，使得地质勘察技术更加丰富多彩。例如，地震探测技术在不断精进的同时，与 GPS 全球卫星定位系统相结合，使地震探测技术踏上了更高的台阶，扩大了其应用范围，使地质勘察技术出现了新的飞跃。

2. 与计算机网络技术紧密结合

计算机网络技术主要应用于地质勘察技术的信息采集环节，能够对地理位置和图像数据进行更加便捷、清晰、快速的采集，基本上实现了实时采集，并且能够使数据更加快速地传输，甚至能够实现远程操作和互动。这不仅使信息的准确性得到了提升，而且使数据处理的时间明显缩短。同时，通过计算机网络技术，还能够根据每个地区情况的不同，对模型结果与当地的能源分布情况进行对比，从而使能源定位更加准确，有效提升地质勘察技术的应用效率。

3. 实现经济效益与生态效益的共同发展

近年来，能源问题与环保问题成为人们关注的热点，尤其是大气污染日益严重。在进行地质勘察的过程中，如何注重环境保护，提高地质勘察技术的绿色环保特性，就成为人们关注的重点。未来的地质勘察技术不仅应注重经济效益，还应注重生态效益，通过技术的不断进步和发展实现能源的绿色开采和可持续发展。比如，在地质勘察过程中，采用对环境破坏程度小的开采方案，并且对工程施工所在地的空气、水资源等进行监测，从而降低地质勘察工程对周围环境的影响。

➡ **点评**：地质勘察工程是我国土木工程建设中的基础性工程，其技术决定着工程建设的效果。尤其是当前国民经济发展迅速，地质勘察技术的实用性和工作效率成为人们所关注的热点。我们应对当前地质勘察新技术的应用进行了解和学习，争做一名合格的工程人。

3.3 浅基础

3.3.1 浅基础的概念

地基承受建筑物荷载而产生的应力和应变随着土层深度的增加而减小，在达到一定深度后便可忽略不计。直接承受建筑荷载的土层为持力层。持力层以下的土层为下卧层，基础埋深是指室外设计地坪到基础底面的距离，如图3-8所示。基础的最小埋置深度不小于500mm。

埋置深度不大于5m（一般小于5m或小于基础最小宽度），只需采用普通施工方法就可以建造起来的基础，叫浅基础。

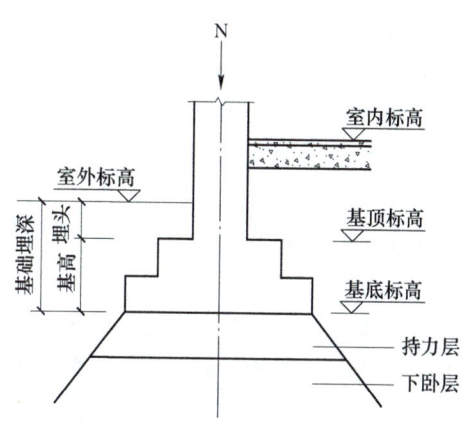

图 3-8 基础埋深示意图

3.3.2 浅基础的分类

1. 按材料分类

浅基础根据材料不同可以分为灰土基础、砖基础（图3-9a）、毛石基础（图3-9b）、混凝土基础（图3-9c）、钢筋混凝土基础。

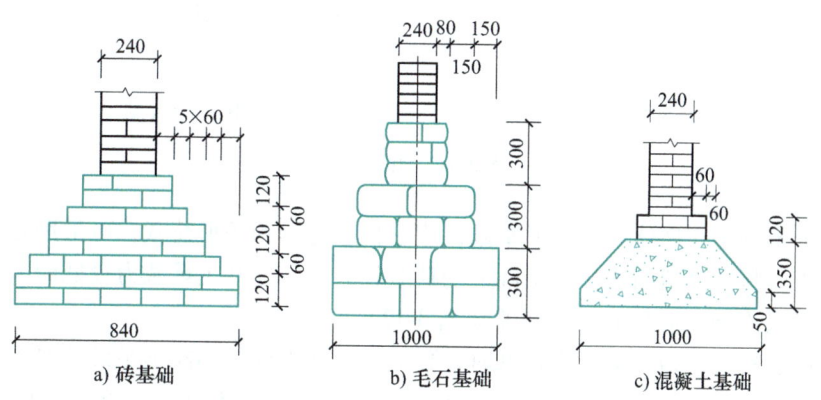

图 3-9 浅基础按材料划分

2. 按刚度分类

浅基础根据刚度不同可分为刚性基础和柔性基础。

（1）刚性基础

刚性基础是指由抗压强度较高，而抗弯和抗拉强度较低的材料建造的基础。刚性基础由混凝土、砖、毛石、灰土等材料做成，可用于六层及以下的民用建筑和墙承重的轻型厂房。

（2）柔性基础

用抗拉和抗弯强度很高的材料建造的基础称为柔性基础，一般用钢筋混凝土制作。这种基础适用于上部结构荷载较大、地基较柔软、用刚性基础不能满足要求的情况。

3. 按结构形式划分

浅基础按结构形式不同可分为独立基础、条形基础、筏形基础和箱形基础。

（1）独立基础

在建筑中，柱的基础一般都是单独基础，称为独立基础。独立基础通常有台阶形（图3-10a）、锥形（图3-10b）和杯形（图3-10c）。杯形基础又可分为单肢和双肢杯形基础、低杯形基础和高杯形基础。

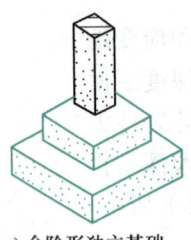 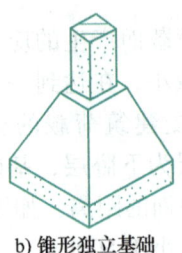 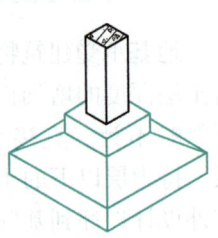

a) 台阶形独立基础　　b) 锥形独立基础　　c) 杯形独立基础

图 3-10 独立基础

（2）条形基础

条形基础是指基础长度远远大于宽度的一种基础形式。条形基础按上部结构不同可分为墙下条形基础（图3-11a）和柱下条形基础（图3-11b）。

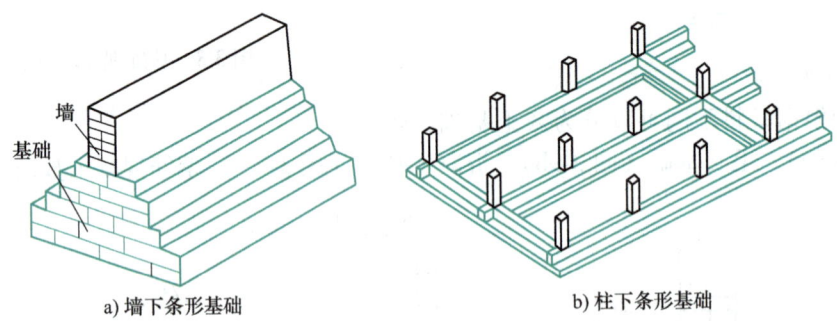

a) 墙下条形基础　　　　b) 柱下条形基础

图 3-11 条形基础

墙下条形基础是在墙体下的条形基础，用于传递连续的条形荷载，可采用砖、毛石、灰土或素混凝土等材料砌筑而成。当基础上的荷载较大，或地基土承载力较低而需要加大基础宽度时，也可采用钢筋混凝土条形基础（图3-12）。

当上部荷载较大，地基承载力较低时，独立基础底面面积不能满足设计要求。这时可把若干柱子的基础连成一体，做成柱下条形基础（图3-11b）和柱下十字交叉条形基础（图3-13），以扩大基底面积，减小地基反力，并可以通过形成整体刚度来调整可能产生的不均匀沉降。

筏形基础施工

（3）筏形基础

当建筑物上部荷载较大而地基承载能力又比较弱时，用简单的独立基础或条形基础已不能满足地基变形的需要，这时常将墙或柱下基础连成一片，使整个建筑物的荷载传递于一整块板上，这种满堂式的板式基础称为筏形基础。

单元 3 地基与基础

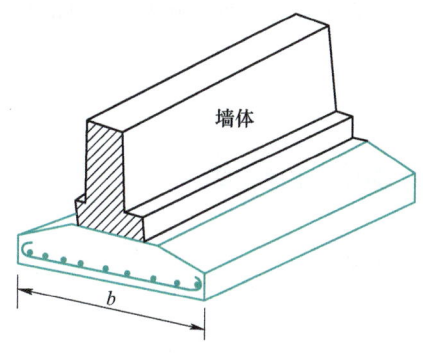

图 3-12 墙下钢筋混凝土条形基础

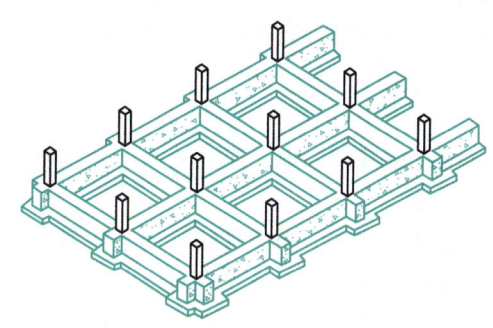

图 3-13 柱下十字交叉条形基础

筏形基础由于底面积大，故可减小基底压强，提高地基土承载力，并能有效增强基础的整体性。筏形基础有平板式和肋梁式之分（图 3-14）。

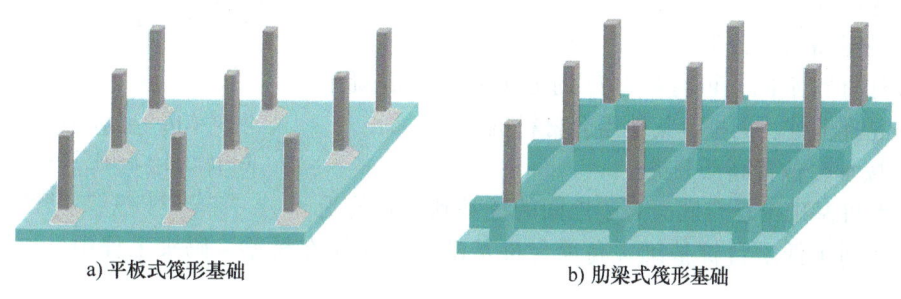

a) 平板式筏形基础　　　　b) 肋梁式筏形基础

图 3-14 筏形基础

（4）箱形基础

箱形基础是指由底板、顶板、钢筋混凝土纵横隔墙构成的整体现浇钢筋混凝土结构，如图 3-15 所示。箱形基础具有较大的基础底面、较大的埋置深度和中空的结构形式，与一般的实体基础比较，它能显著提高地基的稳定性，减小基础沉降量。

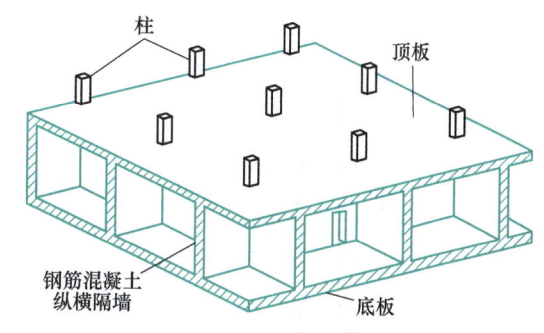

图 3-15 箱形基础

3.4 深基础

3.4.1 深基础的概念

深基础是指位于地基深处承载力较高的土层上，埋置深度大于 5m 或大于基础宽度的基础。

深基础以下部坚实土层或岩层作为持力层的基础，其作用是把所承受的荷载相对集中地传递到地基的深层，而不像浅基础那样，通过基础底面把所承受的荷载扩散分布于地基的浅层。因此，当建筑场地的浅层土质不能满足建筑物对地基承载力和变形的要求，而又不适宜采取地基处理措施时，应考虑采用深基础。

3.4.2 深基础的类型

深基础有桩基础、地下连续墙、沉井基础和沉箱基础等几种类型。

1. 桩基础

桩基础简称桩基，当地基的软弱土层较厚，采用浅基础不能满足地基强度和变形要求时，常采用桩基础。桩基础的作用是将荷载通过桩传给埋藏较深的坚硬土层，或通过桩周围的摩擦力传给地基。桩基础由若干个沉入土中的桩和连接桩顶的承台或承台梁组成（图3-16）。

桩基础可按桩身材料、承台位置高低、制作工艺、承载性质等进行分类。

（1）按桩身材料分类

按桩身材料不同，可将桩基础划分为木桩、混凝土桩、钢筋混凝土桩、钢桩、其他组合材料桩。

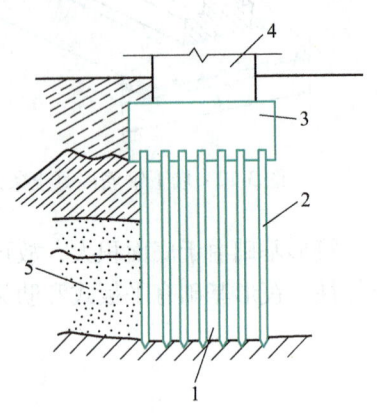

图3-16 桩基础示意图
1—持力层 2—桩 3—桩承台
4—上部构造 5—软弱土层

（2）按承台位置高低分类

高承台桩基础指承台底面高于地面的桩基础，它的受力和变形不同于低承台桩基础。高承台桩基础一般应用在桥梁、码头工程中，如图3-17b所示。

低承台桩基础指承台底面低于地面的桩基础，一般用于房屋建筑工程中，如图3-17a所示。

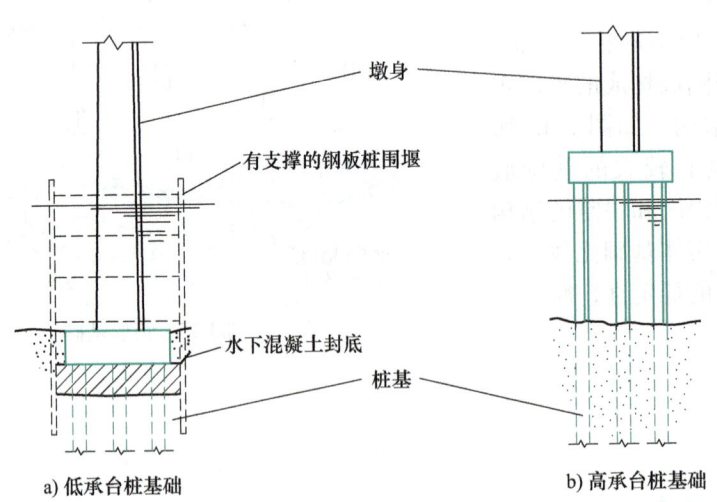

a) 低承台桩基础 b) 高承台桩基础

图3-17 高承台桩基础和低承台桩基础

（3）按制作工艺分类

桩基础按制作工艺不同可分为预制桩、灌注桩两类。

① 预制桩：预制桩是在工厂或施工现场制成的各种材料和形式的桩，而后用沉桩设备

将桩打入、压入、旋入或振入（有时还兼用高压水冲）土中。

② 灌注桩：灌注桩又叫现浇桩，直接在设计桩位的地基上成孔，在孔内放置钢筋笼或不放钢筋，而后在孔内灌注混凝土而成桩。与预制桩相比，灌注桩可节省钢材，在持力层起伏不平时，桩长可根据实际情况设计。灌注桩主要有钻孔灌注桩、沉管灌注桩、人工挖孔灌注桩等。

钻孔灌注桩施工——旋挖钻机成孔

（4）按承载性质分类

桩在竖向荷载作用下，桩顶荷载由桩侧摩阻力和桩端阻力共同承担。根据竖向荷载下桩土相互作用的特点、桩侧阻力与桩端阻力的发挥程度和分担荷载的比例不同，桩可分为端承桩和摩擦桩。穿过软弱土层并将建筑物的荷载通过桩身传递到桩端坚硬土层或岩层上的桩，即为端承桩。桩侧土体对桩身的摩擦作用很小，其摩擦力可忽略不计。当桩沉入软弱土层一定深度时，通过桩侧土的摩擦作用，将上部荷载传递扩散于桩周围土中，桩端土也起一定的支承作用。桩尖支承的土不甚密实，桩相对于土有一定的相对位移时，即为摩擦桩，如图3-18所示。

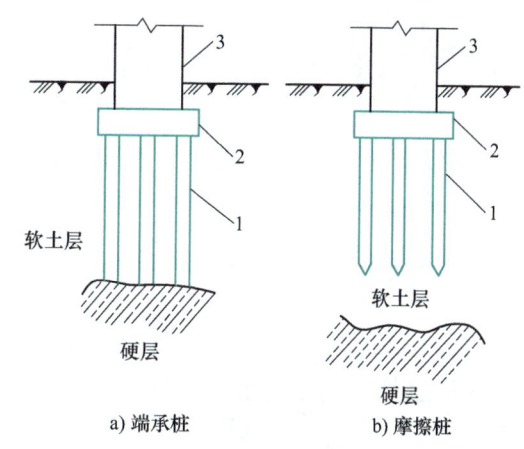

图3-18　端承桩和摩擦桩
1—桩　2—承台　3—上部结构

2. 地下连续墙

地下连续墙是指基础工程中在地面上采用专门的成槽机械（图3-19），沿着深开挖工程的周边轴线，在泥浆护壁条件下，开挖出一条狭长的深槽，清槽后，在槽中安放钢筋笼（图3-20）后以导管法浇灌水下混凝土，形成一个单元墙段，再将依次完成的墙段以特定的方式连接，组成一道完整的现浇地下连续墙体（图3-21）。

地下连续墙具有挡土、防渗兼作主体承重结构等多种功能，能在沉井作业、板桩支护等难以实施的环境中进行无噪声、无振动施工。其优点是墙体刚度大，整体性好，施工速度快，能截水、防渗、承重、挡水，适于大面积、有地下水的深基坑施工。

3. 沉井基础

沉井是井筒状的结构物，在井内挖土，依靠自身重力克服井壁摩擦力后下沉到设计标高，然后经过混凝土封底并填塞井孔，使其成为桥梁墩台或其他结构物的基础。沉井施工流程如图3-22所示，一般在施工大型桥墩的基坑、污水泵站、大型设备基础、人防掩蔽所、盾构拼装井、地下车道与车站水工基础施工围护装置时使用。

4. 沉箱基础

沉箱基础又称气压沉箱基础，它是以气压沉箱来修筑的桥梁墩台或其他构筑物的基础。沉箱可就地建造下沉，也可采取岸边建造、水中浮运、深水定位后下沉。

图 3-19 地下连续墙成槽机械

图 3-20 钢筋笼吊放

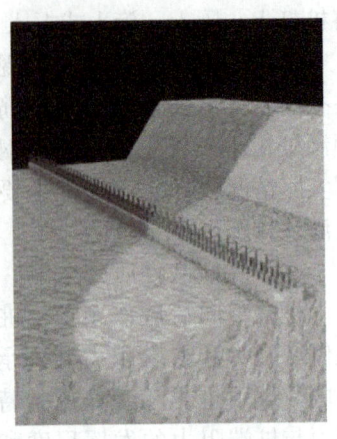
图 3-21 地下连续墙

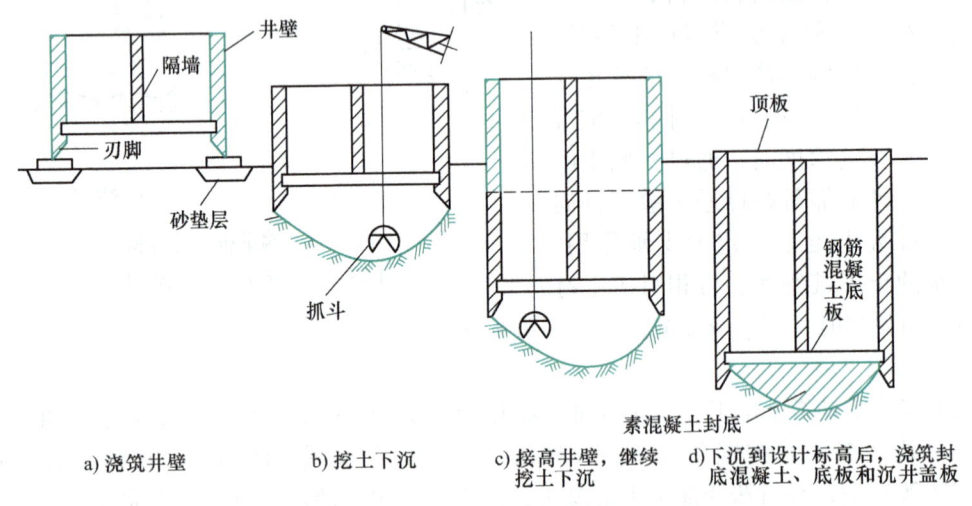
图 3-22 沉井施工流程示意图

当沉箱在水下就位后，将压缩空气压入沉箱室内部，排出其中的水，施工人员进行箱内挖土，通过升降筒和气闸将弃土外运，沉箱在自重和顶面压力作用下逐步下沉至设计标高，最后用混凝土填实工作室，即成沉箱基础。

由于沉箱作业条件差，对人员健康有害，且工效低、费用大，加上人体不能承受过大气压，因此沉箱入水深度一般控制在 35m 以内，使基础埋深受到限制。沉箱基础除遇到特殊情况外，一般较少采用。

3.5 地基处理

地基处理是指为改善支承建筑物的地基（土或岩石）的承载能力、变形性质或渗透性质而采取的工程技术措施。

3.5.1 地基处理的目的及对象

1. 地基处理的目的

（1）提高地基土的承载力

地基剪切破坏的具体表现形式有：建筑物的地基承载力不够，偏心荷载或侧向土压力的作用使结构失稳；填土或建筑物荷载使邻近地基产生隆起；土方开挖时边坡失稳；基坑开挖时坑底隆起。要采取一定的措施提高地基土的承载力。

（2）降低地基土的压缩性

地基的压缩性表现在建筑物的沉降和差异沉降大，而土的压缩性和土的压缩模量有关。因此，必须采取措施提高地基土的压缩模量，以减少地基的沉降和不均匀沉降。

（3）改善地基的透水特性

基坑开挖施工中，因土层内夹有薄层粉砂或粉土而产生管涌或流砂。这些都是因地下水在土中运动而产生的问题，必须采取措施降低地基土的透水性或减小其动水压力。

（4）改善地基土的动力特性

饱和松散粉细砂（包括部分粉土）在地震的作用下会发生液化，当承受交通荷载和打桩时，附近地基会产生振动下降，这些是土的动力特性的表现。地基处理的目的之一就是要改善土的动力特性，以提高土的抗振动性能。

（5）改善特殊土的不良地基特性

对于湿陷性黄土和膨胀土，要消除或减少黄土的湿陷性或膨胀土的胀缩性。

2. 地基处理的对象

1）软弱地基。淤泥、淤泥质土、冲填土、杂填土或其他高压缩性土构成地基。

2）特殊土地基。湿陷性黄土、膨胀土、盐渍土和季节性冻土等地基。

3.5.2 地基处理的方法

常用的地基处理方法有换填垫层法、强夯法、预压法、振冲法、水泥土搅拌法、高压旋喷桩法、夯实水泥土桩法、水泥粉煤灰碎石桩法、石灰桩法、灰土挤密桩法和土挤密桩法、柱锤冲扩桩法、单液硅化法和碱液法等。

1. 换填垫层法

换填垫层法指的是将基础底面下一定深度范围内不满足地基性能要求的土层（或局部岩石），全部或部分挖出，换填上符合地基性能要求的材料，然后分层夯实作为基础的持力层。换填垫层法适用于淤泥、淤泥质土、湿陷性黄土、素填土、杂填土地基，暗沟、暗塘等浅层软弱地基及不均匀地基的处理。其主要作用是提高地基承载力，减少沉降量，加速软弱土层的排水固结，防止冻胀和消除膨胀土的胀缩。

2. 强夯法

强夯法指的是为提高软弱地基的承载力，用重锤自一定高度下落夯击土层使地基迅速固结的方法。强夯法施工工艺流程如图 3-23 所示。强夯可提高地基土的强度，降低土的压缩性，改善土的抗液化条件。

强夯法适用于颗粒粒径大于 0.05mm 的粗颗粒土，如砂土、碎石土、山皮土、粉煤灰、杂填土、回填土、低饱和度的粉土、黏性土、微膨胀土和湿陷性黄土。当强夯产生的振动对已建成或在建的建筑物有影响时，不得采用强夯法。

3. 预压法

预压法指的是为提高软弱地基的承载力和减少建筑建成后的沉降量，预先在拟建建筑的地基上施加一定静荷载，使地基土压密后再将荷载卸除的压实方法。预压法可以有效提高地基承载力和稳定性，减少沉降量。预压法包括堆载预压法、真空预压法。

（1）堆载预压法

堆载预压法是指在饱和软土地基上施加荷载后，孔隙水被缓慢排出，孔隙体积随之缩小，地基发生固结变形；同时随着超静水压力逐渐消散，有效应力逐渐提高，地基土强度逐渐增长，达到预定标准后再卸载，使地基土压实、沉降、固结的方法。

砂井堆载预压指的是在地基土中打入砂井，利用其作为排水通道，缩短孔隙水排出的途径；同时在砂井顶部铺设砂垫层，砂垫层上部加载，以增大土中的附加应力。地基土在附加应力的作用下产生超静水压力，并将水排出土体，使地基土提前固结，以增大地基土的强度。砂井堆载预压施工示意如图 3-24 所示。

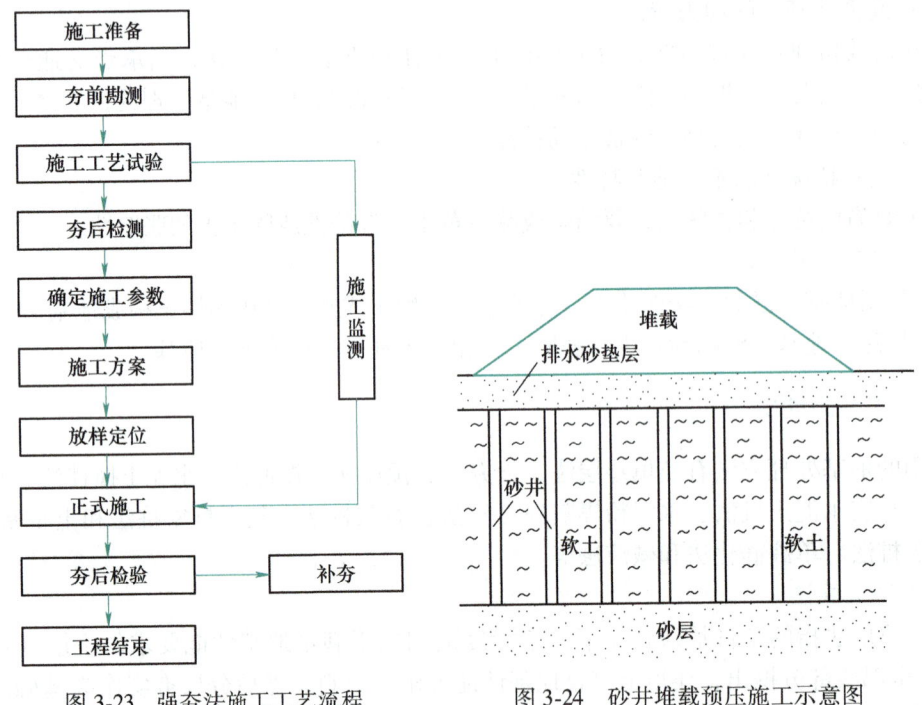

图 3-23 强夯法施工工艺流程　　图 3-24 砂井堆载预压施工示意图

（2）真空预压法

真空预压法是在软黏土中设置竖向塑料排水带或砂井，上铺砂垫层，再覆盖薄膜封闭，抽气使膜内排水带、砂垫层等处于部分真空状态，排除土中的水分，使土预先固结以减少地基后期沉降的一种地基处理方法（图 3-25）。

4. 振冲法

振冲法适用于处理砂土、粉土、粉质黏土、素填土和杂填土等地基，分加填料和不加填料两种。加填料的通常称为振冲碎石桩法，利用振动水冲法施工工艺，用振动或冲击荷载将底部装有活瓣式桩靴的桩管挤入地层，在软弱地基中成孔后，再将碎石从桩管投料口处投入

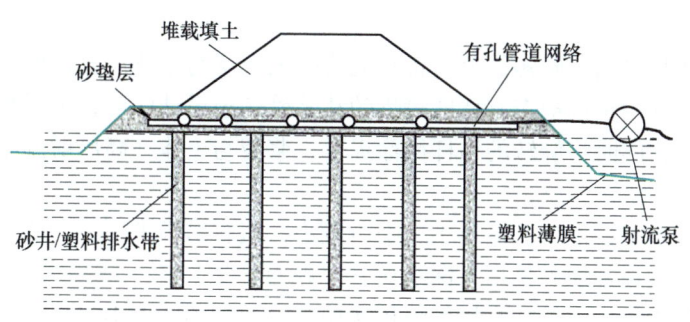

图 3-25 真空预压排水法

桩管内,然后边击实、边上拔桩管,形成密实碎石桩,桩与原地基土共同构成复合地基,以提高地基承载力,减少地基沉降量。其原理是挤密土壤、排水固结,提高地基的承载力。振冲碎石桩施工流程如图 3-26 所示。

5. 水泥土搅拌法

水泥土搅拌法是用于加固饱和软黏土地基的一种方法。它利用水泥作为固化剂,通过特制的搅拌机械,在地基深处将软土和固化剂强制搅拌,利用固化剂和软土之间所产生的一系列物理-化学反应,使软土硬结成具有整体性、水稳定性和一定强度的优质地基。

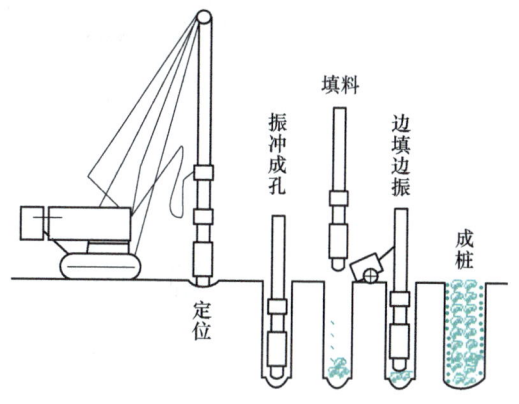

图 3-26 振冲碎石桩施工流程

水泥土搅拌法施工工艺流程:桩机定位→喷浆搅拌下沉→喷浆搅拌提升→重复搅拌下沉→喷浆重复搅拌提升→成桩,如图 3-27 所示。

水泥土搅拌桩施工设备

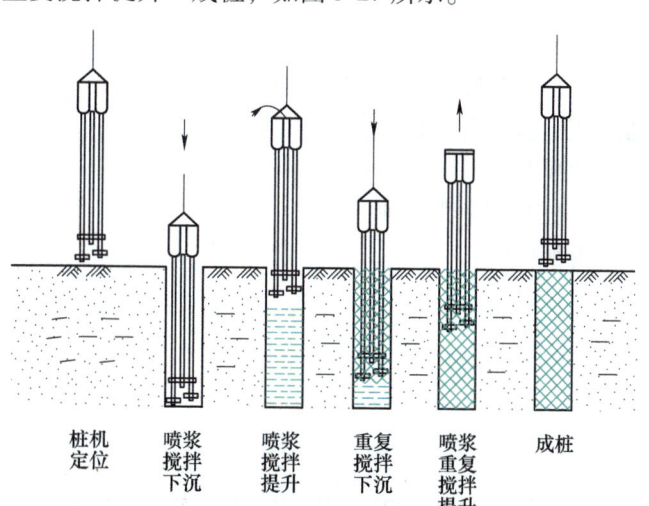

图 3-27 水泥土搅拌法施工工艺流程

6. 高压旋喷桩法

高压旋喷桩法是以高压旋转的喷嘴将水泥浆喷入土层与土体混合，形成连续搭接的水泥加固体。其原理是利用钻机把带有特殊喷嘴的注浆管送至设计深度，水泥浆液由喷嘴向四周高速喷射切削土层，同时将旋转的钻杆徐徐提升，浆液与土体在高压射流作用下充分搅拌混合，形成水泥加固体。

高压旋喷桩法施工占地少、振动小、噪声较小，但容易污染环境，成本较高，可用于既有建筑和新建建筑的地基加固处理、深基坑止水帷幕、边坡挡土或挡水、防止管涌与隆起、地铁工程的土层加固或防水等。高压旋喷桩法施工流程如图3-28所示。

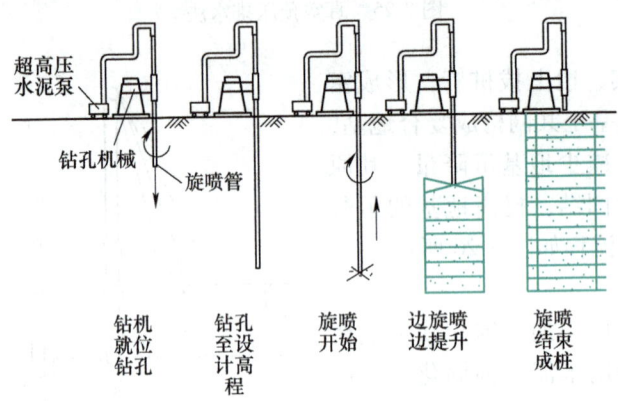

图 3-28　高压旋喷桩法施工流程

思 考 题

1. 工程地质勘察的阶段是如何划分的？
2. 浅基础与深基础有哪些区别？
3. 按照构造形式不同，浅基础可以分为哪几种？
4. 何谓刚性基础？刚性基础有什么特点？
5. 深基础的类型包含哪些？
6. 按施工方法分类，桩基础有哪几种？
7. 地基处理的方法有哪些？

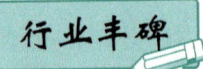

鸟　巢

国家体育场，又名"鸟巢"（图3-29），是全球首个双奥开闭幕式场馆。作为代表国家形象的标志性建筑，"鸟巢"超越了纯粹的体育或建筑概念，承载着深远的社会意义。

"鸟巢"位于北京奥林匹克公园中心区，占地20.4万 m^2，建筑面积25.8万 m^2，可容纳观众9.1万人。"鸟巢"为特级体育建筑，主体结构设计使用年限为100年，主体建筑是由一系列钢桁架围绕碗状坐席区编制而成的椭圆鸟巢外形，南北长333m，东西宽296m，最高处69m。

"鸟巢"外形结构主要由巨大的门式钢架组成，共有24根桁架柱，工程钢结构总用钢量为4.2万t，混凝土看台分为上、中、下三层，看台混凝土结构为地下1层、地上7层的钢筋混凝土框架-剪力墙结构体系。钢结构与混凝土看台上部完全脱开，互不相连，形式上呈相互围合，基础则在一个相连的基础底板上。屋顶钢结构上覆盖了双层膜结构。

"鸟巢"所用钢材是由中国自主创新研发的特种钢材，集刚强、柔韧于一体，从而保证了"鸟巢"在承受最大460MPa的外力后，依然可以恢复到原有形状，也就是说能抵抗唐山大地震那样的地震波。托起"鸟巢"最关键的是"肩部"结构，这一部分所用的钢材——Q460钢板厚度达到了110mm，具有良好的抗震性、抗低温性和可焊性等特点。为满足抗震要求，钢构件的节点部位还特别做了加厚处理，杆件的联结方式一律为焊接，以提高结构

图3-29　鸟巢

整体的刚度和强度。支撑"鸟巢"凌空屋顶的是24根巨大的钢柱脚。为保证建造在8度抗震设防地区的"鸟巢"能站稳脚跟，设计人员克服"鸟巢"柱脚集合尺寸大且构造复杂、中国现行规范的计算假定与设计方法难以适用等情况，为这些钢柱脚增加了底座和铆钉，将柱脚牢牢铆在了混凝土中。

"鸟巢"工程地基基础设计等级为甲级，基础设计等级为一级。采用桩基础、桩筏基础，基础底板埋深3.0~10m，钻孔灌注桩总桩数约3000根。"鸟巢"的结构对地基基础差异沉降非常敏感，结构安全性十分重要。采用灌注桩后压浆专利技术进行桩施工技术处理，可以大大提高基桩承载力，控制基桩沉降差异和整体沉降，增强结构的安全性能。这一技术是近年来发展的桩基改良技术，基本做法和原理是在钢筋笼的底部和侧面预设注浆装置，桩体形成后一定时间内实施后压浆。通过水泥浆液的渗透、挤密、劈裂、压密等作用，改善桩土界面，使基桩周围一定范围内的土体得到加固和增强，从而大幅度增大桩端阻力和桩侧摩擦力，提高基桩承载力，减小沉降，提高成桩质量的稳定性。

许多看过"鸟巢"设计模型的人这样形容：那是一个用树枝般的钢网把一个可容10万人的体育场编织成的一个温馨"鸟巢"用来孕育与呵护生命的"巢"，寄托着人类对未来的希望。整个体育场结构的组件相互支撑，形成网格状的构架，外观看上去就仿若树枝织成的鸟巢，其灰色矿质般的钢网以透明的膜材料覆盖，其中包含着一个土红色的碗状体育场看台。在这里，中国传统文化中镂空的手法、陶瓷的纹路与钢结构设计完美地相融在一起。整个建筑通过巨型网状结构联系，内部没有一根立柱，看台是一个完整的没有遮挡的碗状造型，如同一个巨大的容器，赋予体育场无与伦比的震撼力。

职业启示：作为世界上规模最大、用钢量最多、结构最复杂的超大型钢结构体育场工程之一，"鸟巢"从设计到建造、攻坚克难、精益求精、不断超越，以科学精神书写奥运传奇，为奥运场馆建设提供中国智慧、中国方案，推动中国建造由跟跑走向领跑，为世界

留下一座宝贵的奥运遗产。

"鸟巢"的建设融合了中国的传统文化，将陶瓷艺术与现代建筑艺术完美地结合在一起，将"人文奥运"诠释得淋漓尽致。"鸟巢"的建设更体现了"绿色奥运"的精神，采用了我们国家自主研发的太阳能发电系统，在办好奥运会的同时也让环保的观念深入人心。"鸟巢"启示我们：一个国家不仅需要先进的科学技术，还需要提升整个民族的文化素质和环保意识，这样才能真正屹立于世界之林。

"鸟巢"是中国人奥运梦想腾飞的地方，"鸟巢"带给我们的不仅仅是一笔巨大的物质财富，它所体现的"科技、人文、绿色"的理念更是一笔精神财富，激励着我们为中国的美好未来增光添彩。我们应该努力学习，打下坚实的科学文化基础，以迎接未来更大的挑战。

单元4 建筑工程

单元概述

本单元内容主要包括建筑结构的概念、分类以及建筑工程的基本构件,并对单层建筑、多层建筑、高层建筑、大跨度建筑以及特种结构作了详细介绍,最后介绍了装配式建筑。

单元目标

知识目标:
(1) 掌握建筑结构的概念及分类。
(2) 熟悉建筑基本构件。
(3) 了解单层建筑、多层建筑、高层建筑、大跨度建筑以及特种结构。
(4) 了解装配式建筑及其发展趋势。

素养目标:
(1) 培养热爱科学、实事求是和勇于探究的精神,形成正确的人生观、价值观。
(2) 培养较强的观察能力和学习能力。

建筑是建筑物和构筑物的总称。建筑物是供人们在其中生产、生活或进行其他活动的房屋或场所,如住宅、学校、办公楼等。构筑物是服务于生产、生活的建筑设施,是人们不在其中生产、生活的建筑,如水坝、烟囱等。无论建筑物还是构筑物,都是人类在自然空间里建造的人工空间。

典型的建筑工程是指房屋工程,即通过对各类房屋建筑及其附属设施的建造及其配套的线路、管道、设备安装所形成的工程实体。房屋的建筑构成如图4-1所示。

4.1 建筑结构

4.1.1 建筑结构的概念

为了能够抵抗各种外界因素对建筑的作用,建筑必须要有足够抵抗能力的空间骨架,这个空间骨架就是建筑的承重骨架。建筑工程中常提到"建筑结构"一词,就是指建筑中由若干构件连接而成的能承受各种作用的平面或空间体系,是建筑中承担荷载且起骨架作用的部分,是建筑正常使用的物质基础,简称结构。

建筑结构上的作用可分为直接作用(也叫荷载)和间接作用,如图4-2所示。直接作用

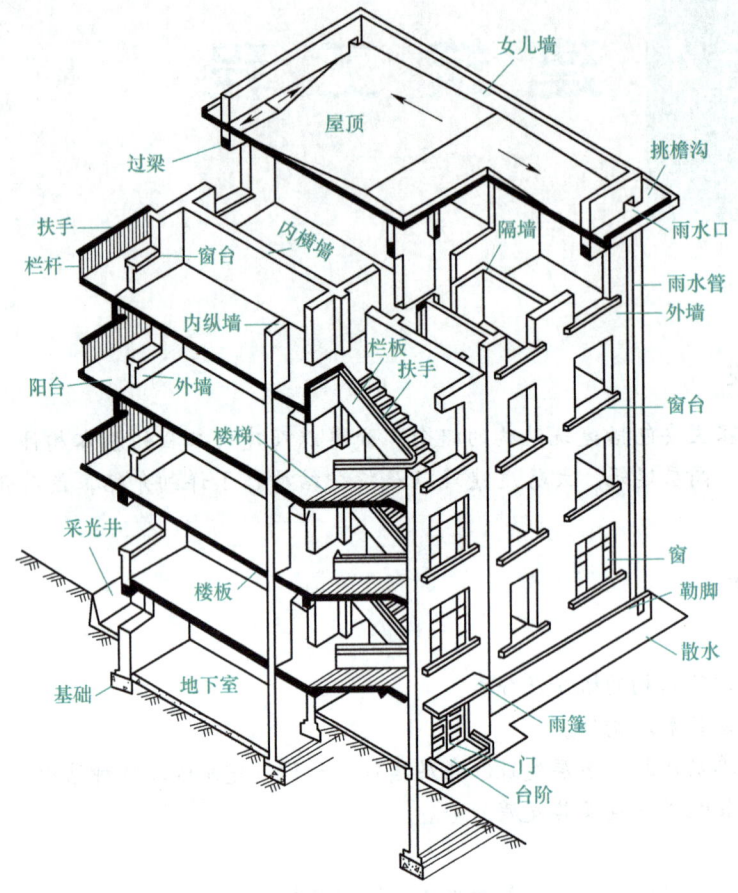

图 4-1 房屋的建筑构成

即习惯上所说的荷载，是指施加在结构上的集中力或分布力系，如结构自重、家具及人荷载、风荷载等。间接作用是指引起结构外加变形或约束变形的原因，如地震作用、基础沉降、温度变化等。

4.1.2 建筑结构的分类

建筑结构的分类方法有多种，一般可以按照结构所用材料、承重结构类型、外形特点、使用功能、施工方法等进行分类。

1）按照材料不同可分为木结构、砌体结构、混凝土结构、钢结构、组合结构。

2）按照承重结构类型和受力体系不同可分为砖混结构、框架结构、剪力墙结构、框架-剪力墙结构、筒体结构、排架结构、深梁结构、拱结构、网架结构、钢索结构、网壳结构等多种结构形式。

3）按照使用功能不同可分为建筑结构（如民用建筑、工业建筑等）、特种结构（如烟囱、水池、水塔、挡土墙、筒仓等）、地下结构（如地下建筑等）。

4）按照结构层数不同可分为单层结构、多层结构、高层结构与超高层结构等。

5）按照施工方法不同可分为现浇结构、装配式结构、装配整体式结构、预应力混凝土结构等。

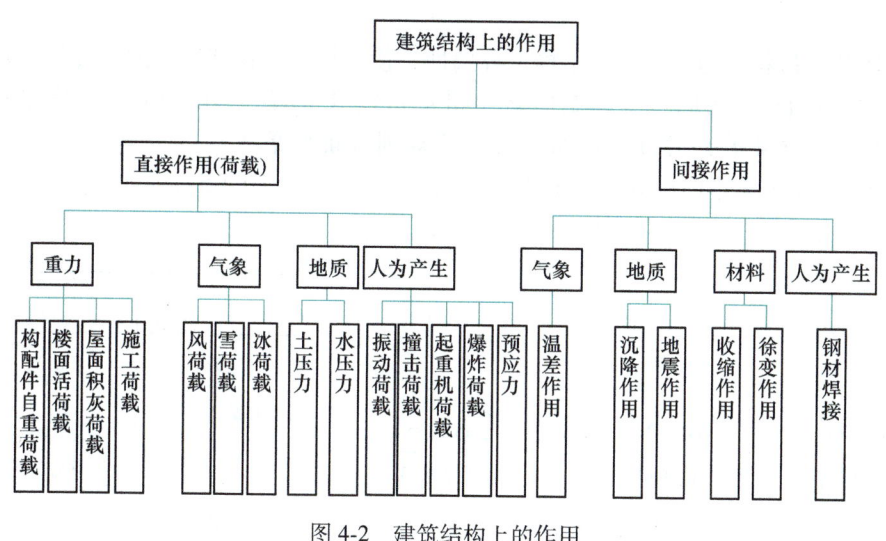

图 4-2 建筑结构上的作用

4.2 建筑基本构件

建筑的基本构件有多种类型,其中,柱、墙、梁、板、基础为建筑的基本结构构件,它们组成了建筑的基本结构。

1. 柱

柱是工程结构中主要承受压力,有时也同时承受弯矩的竖向构件,其截面尺寸远小于其高度。柱主要承受梁、板传来的压力及柱本身的自重,荷载作用方向与轴线平行。

柱按截面形式不同分为方柱(图 4-3a)、矩形柱(图 4-3b)、圆柱(图 4-3c)、管柱、工字形柱、H 形柱、T 形柱、L 形柱、十字形柱、双肢柱、格构柱等;按所用材料不同分为石柱、砖柱、砌块柱、木柱、钢柱、钢筋混凝土柱、钢管混凝土柱和各种组合柱;按长细比不同可分为短柱、长柱及中长柱。

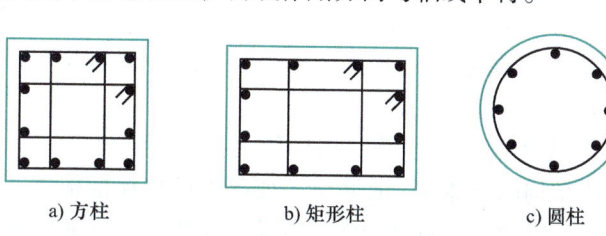

图 4-3 柱的常见截面形式

2. 墙

墙是建筑的重要组成部分,主要起围护、承重或分隔空间的作用。墙体要有足够的强度和稳定性,具有保温、隔热、隔声、防火、防水的功能。

墙按墙体材料不同分为砖墙、石墙、板材墙、加气混凝土砌块墙;按墙体位置不同分为外墙和内墙;按墙体受力不同分为承重墙和非承重墙;按墙体构造不同分为实体墙、空体墙、复合墙。

3. 梁

梁是承受竖向荷载,以受弯为主的构件,是建筑上部构架中最为重要的部分。梁一般水平放置,用来支撑板并承受板传来的各种竖向荷载和梁的自重。梁和板共同组成建筑的楼面和屋面结构。

梁可按截面形状、施工工艺、结构工程属性、使用材料、在结构中的位置等进行分类。

1）梁按截面形状不同可分为矩形梁（图 4-4a）、T 形梁（图 4-4b）、十字形梁、Z 形梁、工字形梁（图 4-4c）、槽形梁、箱形梁、不规则截面梁等。

2）梁按施工工艺不同可分为现浇梁、预制梁、叠合梁（图 4-5）。

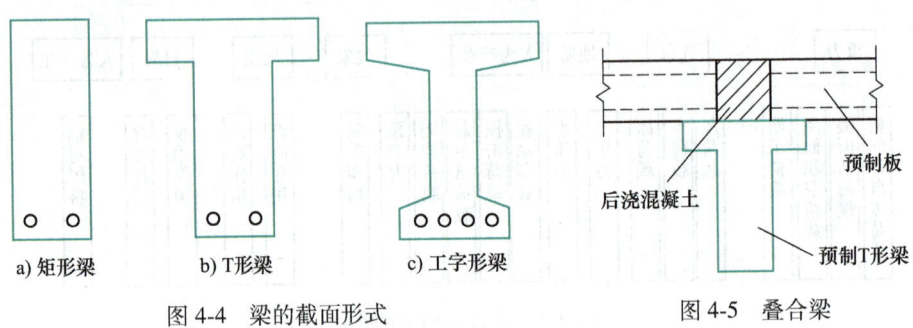

图 4-4　梁的截面形式　　　　图 4-5　叠合梁

3）梁按结构工程属性不同可分为框架梁、剪力墙支承的框架梁、内框架梁、砌体墙梁、砌体过梁、剪力墙连梁、剪力墙暗梁、剪力墙边框梁。

4）梁按使用材料不同可分为钢梁、钢筋混凝土梁、预应力混凝土梁、木梁以及钢与混凝土组成的组合梁等。

5）梁按梁在结构中的位置不同可分为主梁、次梁（图 4-6）、连系梁、圈梁、过梁等。

① 主梁除了要承受板直接传来的荷载外，还要承受次梁传来的荷载，并将其上的荷载通过两端支座直接传递给柱或墙。

② 次梁在主梁的上部，直接承受板传来的荷载，并将其传递给主梁。

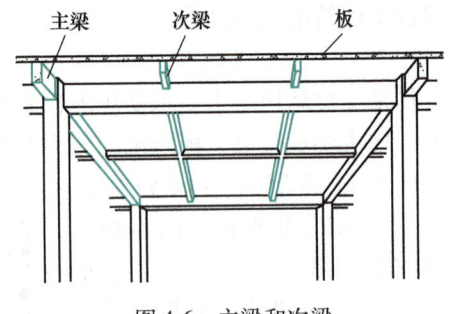

图 4-6　主梁和次梁

③ 连系梁就是联系结构构件之间的梁，作用是增强结构的整体性。连系梁主要起连接单榀框架的作用，以增大建筑物的横向或纵向刚度。连系梁只承受自身重力荷载及上部的隔墙荷载，不承受其他荷载。

④ 圈梁是为防止地基的不均匀沉降或较大振动荷载等对房屋产生的不利影响，一般在墙体中设置钢筋混凝土圈梁或钢筋砖圈梁，以增强砖石结构房屋的整体刚度。

⑤ 当在墙体上开设门窗洞口且墙体洞口大于 300mm 时，为了支撑洞口上部砌体所传来的各种荷载，并将这些荷载传给门窗等洞口两边的墙，常在门窗洞口上设置横梁。

6）梁按支承方式不同可分为简支梁、悬臂梁、一端简支另一端固定的梁、两端固定的梁、连续梁等。

① 简支梁（图 4-7a）：两端支座仅提供竖向约束，而不提供转角约束的支撑结构。梁的两端搁置在支座上，支座仅约束梁的垂直位移，梁端可自由转动。

② 悬臂梁（图 4-7b）：悬臂梁的一端是固定支座，该端不能转动，也不能产生水平和垂直移动，另一端为自由端，可以自由转动和移动。

③ 一端简支另一端固定的梁（图4-7c）：在悬臂梁的自由端加设滚动支座的梁。
④ 两端固定的梁（图4-7d）：两端都是固定支座的梁。
⑤ 连续梁（图4-7e）：有三个或三个以上支座的梁。

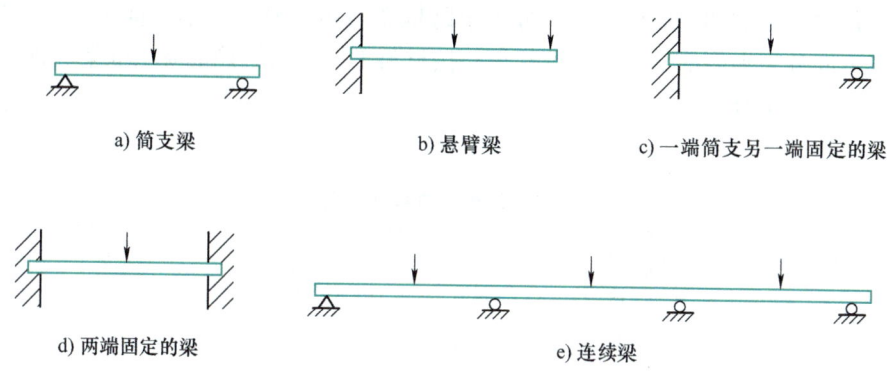

图4-7 梁按支撑方式不同分类

4. 板

板是指平面尺寸较大而厚度相对较小的平面结构构件，在建筑工程中一般应用于楼板、屋面板、基础板、墙板等。

板的种类繁多，按平面形状不同可分为方形板、矩形板（图4-8a）、圆形板、扇形板、三角形板、梯形板和各种异形板等；按截面形状不同可分为实心板、空心板（图4-8b）、槽形板（图4-8c）、单（双）T形板、单（双）向密肋板、压型钢板、叠合板等；按所用材料不同可分为木板、钢板、钢筋混凝土板、预应力板等；按受力特点不同可分为单向板（图4-8d）和双向板（图4-8e）。单向板指板上的荷载沿一个方向传递到支承构件上的板；双向板指板上的荷载沿两个方向传递到支承构件上的板。

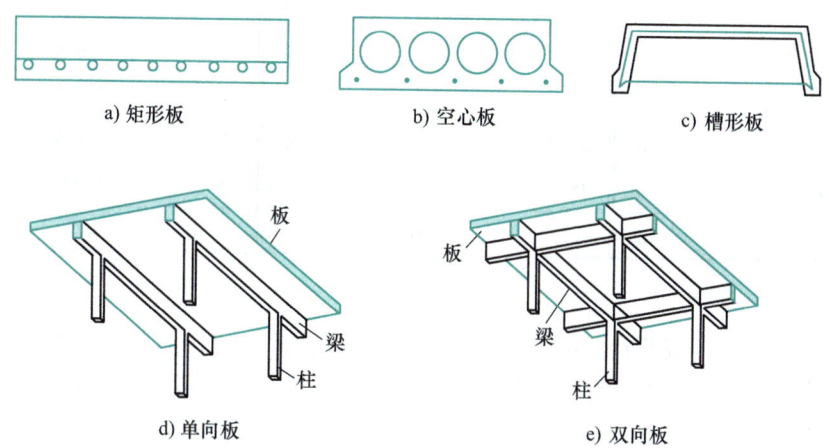

图4-8 板的种类形式

5. 基础

详见本书单元3。

6. 框架

框架是由梁和柱组成的能承受垂直和水平荷载的结构，主要用于工业与民用建筑的承重骨架、桥梁构架或工程构筑物。

框架按跨数、层数和立面构成不同分为单跨框架、多跨框架、单层框架、多层框架等；按受力特点不同分为平面框架和空间框架等；按材料不同分为钢筋混凝土框架、预应力混凝土框架、钢框架、组合框架等。

常用建筑构件代号见表4-1。

表4-1 常用建筑构件代号

序号	名称	代号	序号	名称	代号	序号	名称	代号
1	板	B	19	圈梁	QL	37	承台	CT
2	屋面板	WB	20	过梁	GL	38	设备基础	SJ
3	空心板	KB	21	连系梁	LL	39	桩	ZH
4	槽形板	CB	22	基础梁	JL	40	挡土墙	DQ
5	折板	ZB	23	楼梯梁	TL	41	地沟	DG
6	密肋板	MB	24	框架梁	KL	42	柱间支撑	DC
7	楼梯板	TB	25	框支梁	KZL	43	垂直支撑	ZC
8	盖板或沟盖板	GB	26	屋面框架梁	WKL	44	水平支撑	SC
9	挡雨板或檐口板	YB	27	檩条	LT	45	梯	T
10	起重机安全走道板	DB	28	屋架	WJ	46	雨篷	YP
11	墙板	QB	29	托架	TJ	47	阳台	YT
12	天沟板	TGB	30	天窗架	CJ	48	梁垫	LD
13	梁	L	31	框架	KJ	49	预埋件	M
14	屋面梁	WL	32	刚架	GJ	50	天窗端壁	TD
15	吊车梁	DL	33	支架	ZJ	51	钢筋网	W
16	单轨吊	DDL	34	柱	Z	52	钢筋骨架	G
17	轨道连接	DGL	35	框架柱	KZ	53	基础	J
18	车挡	CD	36	构造柱	GZ	54	暗柱	AZ

7. 桁架

桁架是一种由杆件彼此在两端用铰链连接而成的结构，如图4-9所示。桁架杆件主要承受轴向拉力或压力，从而能充分利用材料的强度，在跨度较大时可比实腹梁节省材料、减轻自重和增大刚度。

桁架的优点是杆件主要承受拉力或压力，可以充分发挥材料的作用，节约材料，减轻结构重量。常用的桁架有钢桁架、钢筋混凝土桁架、预应力混凝土桁架、木桁架、钢与木组合桁架、钢与混凝土组合桁架。

8. 网架

网架（图4-10）是指由多根杆件按照一定的网格形式通过节点连接而成的空间结

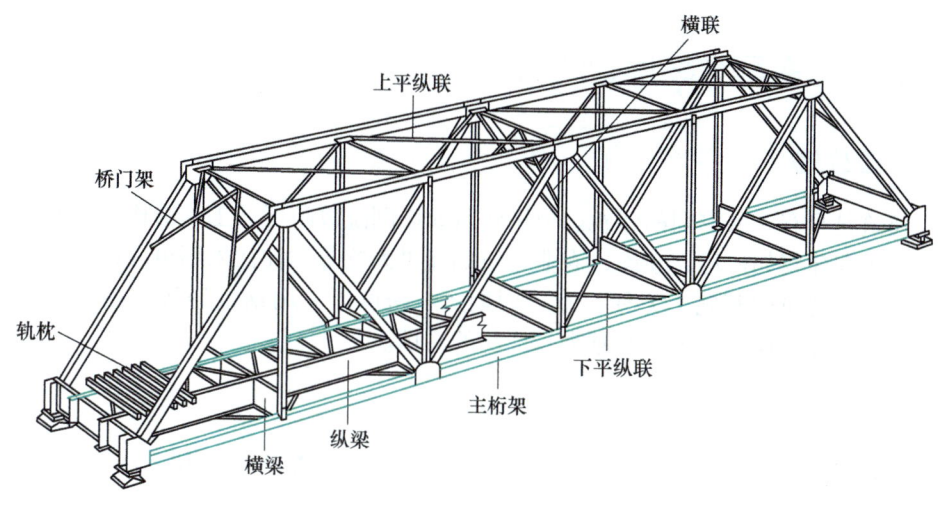

图 4-9 桁架结构

构,具有空间受力小、质量小、刚度大、抗震性能好等优点,制作安装较平面结构复杂。网架可用作体育馆、影剧院、展览厅、候车厅、飞机库、双向大柱距车间等建筑的屋盖。

图 4-10 网架结构

图 4-11 石拱桥——赵州桥

9. 拱

拱是在自身平面内的竖向载荷作用下产生水平推力的曲杆。拱连同其支座或拉杆构成拱结构。与同跨度的梁相比,拱内的弯矩和剪力要小得多,因而可以节省材料,提高刚度,增大跨度,并能有效地利用砖、石、砌块、混凝土等抗压性能好而抗拉性能差的廉价材料。钢拱和钢筋混凝土拱可跨越很大的空间,在桥梁、屋盖、隧洞衬砌中得到应用,如赵州桥(图 4-11)。

10. 壳体

壳体结构是由空间曲面型板或加边缘构件组成的空间曲面结构,外力作用在结构体的表面上。壳体的厚度远小于壳体的其他尺寸,因此壳体结构具有很好的空间传力性能,能以较小的构件厚度形成承载能力高、刚度大的承重结构,能覆盖或维护大跨度的空间而不需要空间支柱,能兼承重结构和围护结构的双重作用,从而节约结构材料。壳体结构广泛应用于工程结构中,如大跨度建筑物顶盖、中小跨度屋面板、工程结构与衬砌等。

4.3 单层、多层与高层建筑

4.3.1 单层建筑

单层建筑是只有一层空间的建筑。公用建筑如影剧院放映厅、工程结构实验室，民用建筑如车库，工业建筑如厂房、仓库，农业建筑如蔬果大棚等，往往采用单层结构。

轻型钢结构建筑因其施工方便、施工周期短、跨度大、用钢量经济，在单层厂房、仓库、冷库、候机厅、体育馆中已有越来越广泛的应用。

4.3.2 多层建筑

多层建筑是指建筑高度大于 10m、小于 24m，且建筑层数大于 3 层、小于 7 层的建筑。通常将 2 层以上的建筑笼统地概括为多层建筑。

多层建筑常用的结构形式为混合结构、框架结构。混合结构是指用不同的材料建造的房屋结构，通常墙体采用砖砌体，屋面和楼板采用钢筋混凝土结构，故称为砖混结构。框架结构强度高、自重小、整体性和抗震性能好，可使建筑平面布置灵活并获得较大的使用空间，因而被广泛采用，主要应用于多层工业厂房、仓库、商场、办公楼等建筑。

多层建筑可采用现浇钢筋混凝土结构，也可采用装配式或装配整体式结构。其中，现浇钢筋混凝土结构整体性好，适用于各种有特殊布局的建筑；装配式和装配整体式结构采用预制构件，现场组装，其整体性较差，但便于工业化生产和机械化施工。

4.3.3 高层建筑

高层建筑是建筑高度大于 27m 的住宅建筑和建筑高度大于 24m 的非单层厂房、仓库和其他民用建筑。建筑高度超过 100m 的建筑，称为超高层建筑。高层建筑的结构形式主要有框架结构、剪力墙结构、框架-剪力墙结构、筒体结构等。

1. 框架结构

框架结构受力体系由梁和柱组成，在承受竖向荷载方面能够满足要求，在承受水平荷载方面能力很差，因此仅适用于房屋高度不大、层数不多的情况，如图 4-12 所示。当层数较多时，水平荷载的影响会造成梁、柱的截面尺寸很大，与其他结构体系相比，在技术、经济方面并不合理。

2. 剪力墙结构

剪力墙结构是用钢筋混凝土墙板来代替框架结构中的梁、柱，能承受各类荷载引起的内力，并能有效控制结构的水平力，如图 4-13 所示。这种结构在高层房屋中被大量运用。剪力墙结构空间分隔固定，建筑布置极不灵活，一般用于住宅、旅馆等建筑中。

3. 框架-剪力墙结构

框架-剪力墙结构也称框剪结构，如图 4-14 所示，这种结构是在框架结构中布置一定数量的剪力墙，构成灵活自由的使用空间，满足不同建筑功能的要求，同时又具有侧向刚度较大的优点。框剪结构由框架和剪力墙这两种不同的抗侧力结构组成新的受力形式。

4. 筒体结构

筒体结构是由一个或多个筒体做承重结构的高层建筑体系，适用于层数较多的高层建

单元 4　建筑工程

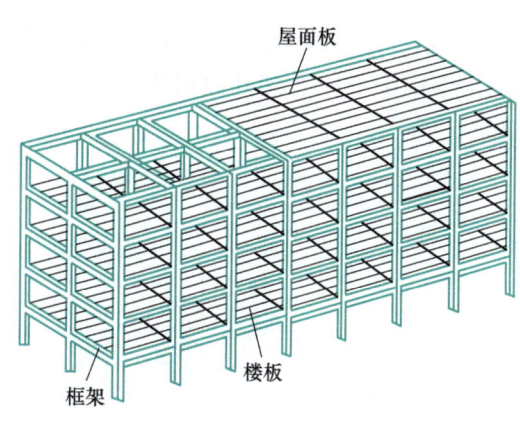

图 4-12　框架结构

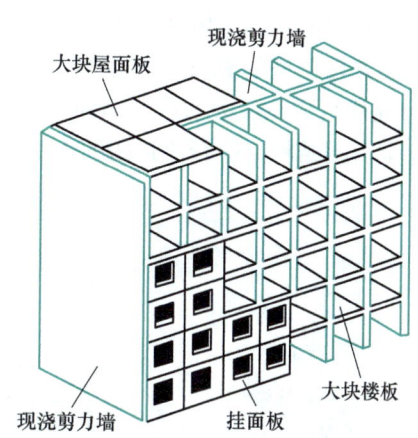

图 4-13　剪力墙结构

筑。其特点是剪力墙集中，因此可获得较大的自由分割空间，多用于写字楼建筑。筒体结构可分为框筒体系、筒中筒体系、桁架筒体系、成束筒体系等。

上海金茂大厦采用的就是筒体结构，周边的框架柱布置较密时可将其视为外筒，而将内芯的剪力墙视为内筒，地上 88 层，地下 3 层，高 420.5m。

4.4　大跨度结构及特种结构

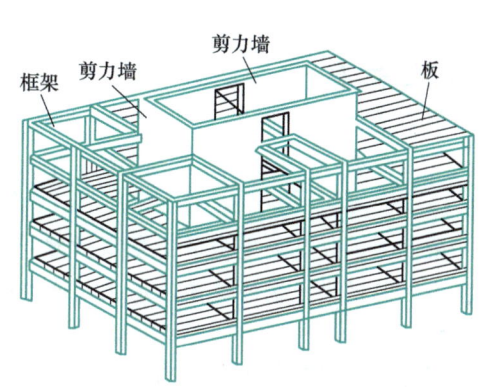

图 4-14　框架-剪力墙结构

4.4.1　大跨度结构

大跨度结构常用于展览馆、体育馆、飞机库等，其结构体系有很多种，如网架结构、索结构、薄壳结构、充气结构、混凝土拱形桁架等。

1）网架结构是大跨度结构中最常见的结构形式，其杆件多采用钢管或型钢，现场安装。

2）索结构是由柔性受拉索及其边缘构件所形成的承重结构。

3）薄壳结构是曲面的薄壁结构，壳体能充分利用材料强度，同时又能将承重与围护两种功能融合为一体，其优点是用料少，跨度大，坚固耐用。实际工程中还可利用对空间曲面的切削与组合，形成造型奇特新颖且能适应各种平面的建筑，如悉尼歌剧院（图 4-15）。

4）充气结构又名充气膜结构，是指在以高分子材料制成的薄膜制品中充入空气而形成房屋的结构。充气结构又可分为气承式膜结构和气胀式膜结构。

① 气承式膜结构通过压力控制系统向建筑内充气，使室内外保持一定的压力差。覆盖膜体受到上浮力，并产生一定的预张应力，以保证体系的刚度。室内设置空压自动调节系统，来及时调整室内外气压，以适应外部荷载的变化。

② 气胀式膜结构向单个膜构件内充气，使其保持足够的内压。多个膜构件进行组合可

形成一个一定形状的整体受力体系。

水立方是典型的充气结构建筑，如图4-16所示。水立方的内外立面充气膜结构共由3065个气枕组成，最大的达到70m²，覆盖面积达到10万m²，展开面积达到26万m²，是一个完全由膜结构来进行全封闭的大型公共建筑。

图4-15 悉尼歌剧院

图4-16 水立方

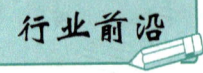

水立方的外挂材料

水立方不仅是一座优美而复杂的建筑，它还能激发人们的灵感和热情，丰富人们的生活，为人们提供记忆的载体。水立方设计中不仅利用水的装饰作用，同时还利用其独特的微观结构。

国际上在建筑使用膜结构时，用的多是PTFE（聚四氟乙烯）膜，这是一种纤维材料，特点是不透明，但使用技术比较成熟。而水立方使用的是ETFE（乙烯-四氟乙烯共聚物）膜（图4-17），这是一种透明膜，能为场馆内带来更多的自然光。2006年德国世界杯主要赛场之一的慕尼黑安联体育场也使用了ETFE气枕式外墙，但德国安联体育场的气枕覆盖面积为6万m²，而水立方则达到10万m²；安联体育场是单层气枕并且是规则排列的，而水立方则是双层气枕，并且几乎没有形状相同的两个气枕。

图4-17 水立方的膜结构

水立方的内外立面膜结构对设计、施工都是极大的挑战，对ETFE膜的材料、通风空调、防火、声、光、电的控制等技术提出了较高的要求。

➡ **点评**：作为一种新型结构的建筑，水立方的具体构造较普通的钢筋混凝土建筑有很大的区别与改善，最主要的区别在于结合 ETFE 膜材料本身的物理-化学性质而设计出的构造方法。这也启示我们，建筑材料、建筑结构、建筑构造是相互关联、密不可分的整体，要根据具体的情况而进行合理的改进设计，才会推动建筑理论、建筑技术以及建筑质量的发展与进步。

水立方的设计在重视传统设计原理的前提下，大胆采用新技术、新材料、新设备和新工艺，将建筑设计得更加完美，在满足建筑功能要求的同时给人以感观享受和视觉冲击，做到建筑的艺术与技术的统一。通过水立方，我们看到了建筑技术与艺术结合的典范，看到了建筑技术对建筑的巨大影响和推动作用。

4.4.2 特种结构

1. 水池、水塔

水池和水塔均为市政工程中用途较广的特种结构，是储水和配水的高耸结构，是给水工程中常用的构筑物，用来保持和调节给水管网中的水量和水压。水塔（图4-18）用支架或支筒支承，而水池多建造在地面或地下。

水塔按建筑材料不同分为钢筋混凝土水塔、钢水塔、砖石塔身与钢筋混凝土水箱组合的水塔；按形状不同分为圆柱壳式水塔、倒锥壳式水塔、球形水塔、箱形水塔、碗形水塔和水珠形水塔等。

水池按材料不同分为钢水池、钢筋混凝土水池、钢丝网水泥水池、砖石水池等；按施工方法不同分为预制装配式水池、现浇整体式水池。

图4-18 水塔

2. 烟囱

烟囱（图4-19）主要用在工厂和北方居民生活区供热系统的主要附属构筑物上，其设计、施工均较复杂。烟囱是工业中常用的构筑物，是把烟气排入高空的高耸结构，能改善燃烧条件，减轻烟气对地面环境的污染。烟囱的建造可采用砖、钢筋混凝土和钢三类材料。

3. 筒仓

筒仓（图4-20）是贮存散装物料的仓库，分为农业筒仓和工业筒仓两大类。农业筒仓用来贮存粮食、饲料等粒状和粉状物料；工业筒仓用于贮存焦炭、水泥、食盐、食糖等散装物料。

筒仓按所用的材料不同分为钢筋混凝土筒仓、钢筒仓和砖砌筒仓等；按平面形状不同可分为圆形筒仓、矩形筒仓、多边形筒仓和菱形筒仓；按贮料高度与直径或宽度的比例关系不同可分为浅仓和深仓两类，浅仓主要供短期贮料用，深仓主要供长期贮料用。

图 4-19 烟囱

图 4-20 筒仓

4.5 装配式建筑

4.5.1 装配式建筑概述

1. 装配式建筑的概念

装配式建筑是指把传统建造方式中的现场作业转移到工厂进行，在工厂加工制作好建筑用构件和配件（如楼板、墙板、楼梯、阳台等），运输到建筑施工现场，通过可靠的连接方式装配安装而成的建筑。

装配式建筑主要包括预制装配式混凝土结构、钢结构、现代木结构建筑等。

PK预应力混凝土
叠合板吊运

2. 装配式建筑的特点

1）装配式建筑大量的建筑部品由车间生产加工完成，构件种类主要有外墙板、内墙板、叠合板、阳台、空调板、楼梯、预制梁、预制柱等。

2）相较于传统现浇结构，现场的装配作业大大减少。

3）采用建筑、装修一体化设计、施工，理想状态是装修可随主体施工同步进行。

4）设计的标准化和管理的信息化。构件越标准，生产效率越高，相应地，构件成本就会下降。配合工厂的数字化管理，整个装配式建筑的性价比会越来越高。

5）符合绿色建筑的要求。

6）节能环保。

装配式施工——
预制楼梯吊装

3. 装配式建筑的类型

装配式建筑分为五种类型：砌块建筑、板材建筑、盒式建筑、骨架板材建筑和升板升层建筑。

（1）砌块建筑

砌块建筑指用预制的块状材料砌成墙体的装配式建筑，适用于建造3~5层建筑；如提高砌块强度或配置钢筋，还可适当增加层数。砌块建筑适应性强，生产工艺简单，施工简便，造价较低，还可利用地方材料和工业废料。建筑砌块有小型、中型、大型之分：小型砌块适用于人工搬运和砌筑，工业化程度较低，灵活方便，使用较广；中型砌块可用小型机械吊装，节省砌筑劳动力；大型砌块现已被预制大型板材所代替。

砌块有实心和空心两类，实心砌块较多采用轻质材料制成。砌块的接缝是保证砌体强度的重要因素，一般采用水泥砂浆砌筑，小型砌块还可用套接而不用砂浆的干砌法，以减少施工中的湿作业。有的砌块表面经过处理，可作为清水墙。

（2）板材建筑

板材建筑由预制的大型内外墙板、楼板和屋面板等板材装配而成，又称大板建筑。它是工业化体系建筑中全装配式建筑的主要类型。板材建筑可以减轻结构重量，提高劳动生产率，扩大建筑的使用面积，提高抗震能力。

板材建筑的内墙板多为钢筋混凝土的实心板或空心板；外墙板多为带有保温层的钢筋混凝土复合板，也可为用轻集料混凝土、泡沫混凝土或大孔混凝土等制成、带有外饰面的墙板。建筑内的设备常采用集中的室内管道配件或盒式卫生间等，以提高装配化程度。

板材建筑在结构上应保证构件连接的整体性。板材之间的连接方法主要有焊接、螺栓连接和后浇混凝土整体连接。在防水构造上要妥善解决外墙板接缝的防水，以及楼缝、角部的热工处理等问题。

（3）盒式建筑

盒式建筑是在板材建筑的基础上发展起来的一种装配式建筑。这种建筑的工厂化程度很高，现场安装快。在工厂完成盒子的结构部分，内部装修和设备也都安装好，甚至可以连家具、地板等一概安装齐全。盒子吊装完成、接好管线后即可使用。

（4）骨架板材建筑

骨架板材建筑由预制的骨架和板材组成。其承重结构一般有两种形式：一种是由柱、梁组成承重框架，再搁置楼板和非承重内外墙板的框架结构体系；另一种是由柱子和楼板组成承重的板柱结构体系，内外墙板不承重。骨架板材建筑结构合理，可以减轻建筑物的自重，内部分隔灵活，适用于多层和高层建筑。

（5）升板升层建筑

升板升层建筑是在升板建筑每层的楼板还在地面时先安装好内外预制墙体，然后一起提升的建筑。这种建筑在底层混凝土地面上浇筑各层楼板和屋面板，竖立预制钢筋混凝土柱子，以柱为导杆，用放在柱子上的油压千斤顶把楼板和屋面板提升到设计高度，加以固定。

升板升层建筑施工时大量操作在地面进行，减少高空作业和垂直运输，节约模板和脚手架，并可减小施工现场面积。升板升层建筑一般柱距较大，楼板承载力也较强，可以加快施工速度，比较适用于场地受限制的地方，多用于商场、仓库、工场和多层车库等。

4.5.2　装配式建筑发展趋势

随着信息技术（如 BIM 技术、智能机器人、大数据、3D 扫描打印技术、互联网技术、物联网技术、GPS 定位技术、云计算技术等）的涌现及其在建筑上的不断推广和应用，装配式建筑正向着智慧建造的方向发展。智慧建造正是建立在这些信息技术的基础之上，依赖这些智能技术从而实现其对数据的记录、传输、计算、记忆、分析等功能。

具体来说，GPS 定位技术和物联网技术为智慧建造记录数据，通过互联网技术、云计算技术进行数据的传输,而BIM模型的引入也为智慧建造提供了数据的保障。另外,大数据、人工智能、3D扫描打印、智能机器人等也都成为智慧建造的助推器。以在装配式建筑中应用最为广泛和直接的BIM技术为例,BIM技术已经能够贯穿于装配式建筑的初步设计、深化设计、构件生产、物流运输、现场施工、物业运维等多个阶段。

未来装配式建筑的发展趋势具体表现在以下几个方向。

(1)集成化

应用一体化的应用系统(如BIM建模软件),可使建筑设计、施工、构件加工、管理等的参与方协同工作,将生产过程一体化,从而降低装配式建筑的建造成本,提高装配式建筑的建造效率。

(2)精细化

在大数据及相关软件的支持下,可以做到对每一个零部件进行管理,细化每一个构件的加工工序,建立严格的加工流程,从而保证构件的加工质量。

(3)智能化

在装配式建筑建造过程和管理过程中,智能机器人的使用、BIM技术的应用、3D扫描打印技术的应用,实现了装配式建筑的智慧化,不仅保证了装配式建筑的质量,还大大降低了人工成本。

行业前沿

智 能 建 筑

智能建筑是指通过对建筑物的结构、系统、服务和管理四项基本要求以及它们的内在关系进行优化,来提供一种投资合理,具有舒适和便利环境的建筑物。智能建筑是随着人类对建筑内外信息交换、安全性、舒适性、便利性和节能性的要求而产生的。它是为人们提供安全、高效、便利及可持续发展功能环境的建筑。

智能建筑起源于20世纪80年代初期的美国,1984年美国康涅狄格州的哈特福特市建立起世界上第一幢智能大厦,该大厦配有语言通信、文字处理、电子邮件、市场行情信息、科学计算和情报资料检索等服务,实现自动化综合管理,大楼内的空调、电梯、供水、防盗、防火及供配电系统等都通过计算机系统进行有效的控制。

智能建筑主要由系统集成中心、综合布线系统、建筑设备自动化系统、办公自动化系统、通信自动化系统五大部分组成。智能建筑所用的主要设备通常放置在智能建筑内的系统集成中心。它通过建筑物综合布线与各种终端设备(如通信终端、传感器)进行连接,"感知"建筑物内各个空间的"信息",并通过计算机进行处理后给出相应的控制策略,再通过通信终端或控制终端(如开关、电子锁、阀门等)给出相应的控制对象的动作反应,使建筑达到某种程度的智能,从而形成建筑设备自动化系统、办公自动化系统、通信网络自动化系统,如图4-21所示。

➡ **点评:** 我国智能建筑发展迅猛,市场潜力巨大。目前国内智能小区和智能住宅正以不可阻挡的势头在发展,其数量之多、发展速度之快,令人惊叹。

单元4 建筑工程

图4-21 智能建筑系统

思 考 题

1. 建筑的基本构件包括哪些类型？
2. 建筑结构上的直接作用是指什么？
3. 简述建筑结构的各种分类方法。
4. 你对哪种结构形式最感兴趣？你周围的建筑物都有哪些结构形式？

行业丰碑

上海中心大厦

上海中心大厦（图4-22）是我国上海市的一座超高层地标式摩天大楼，其设计高度超过附近的上海环球金融中心。项目面积433954m²，建筑主体为119层，总高为632m，结构高度为580m。2008年11月29日进行主楼桩基开工，2016年3月12日，上海中心大厦建筑总体正式全部完工。

上海中心大厦作为一幢综合性超高层建筑，以办公为主，其他业态有会展、酒店、观光娱乐、商业等。大厦分为5大功能区，包括大众商业娱乐区域，低、中、高办公区域，企业会馆区域，精品酒店区域和顶部功能体验区域。其中"世界之巅"即是功能体验区域，有娱乐、餐饮、观光、会晤等功能。另外，在大厦裙房中还设有可容纳1200人的多功能活动

63

图 4-22 上海中心大厦

中心。

上海浦东处在一个冲积层，上海中心大厦的建造地点位于河流三角洲地区，土质松软，含有大量黏土。在竖起钢梁前，工程师打了 980 个基桩，深度达到 86m，而后浇筑 60881m³ 混凝土进行加固，形成一个 6m 厚的基础底板（图 4-23）。其基础大底板浇筑施工的难点在于，主楼深基坑是全球少见的超深、超大、无横梁支撑的单体建筑基坑，其大底板是一块直径为 121m 的圆形钢筋混凝土平台，11200m² 的面积相当于 1.6 个标准足球场大小，厚度则达到两层楼高。其施工难度之大，对混凝土的供应和浇筑工艺都是极大的挑战。作为 632m 高的摩天大楼的底板，它将和其下方的主楼桩基一起承受上海中心大厦 119 层主楼的载荷，被施工人员形象地称为"定海神座"。

图 4-23 上海中心大厦主楼基础底板浇筑

上海中心大厦外幕墙玻璃（图 4-24）于 2012 年 8 月 2 日开始安装。其钢结构支撑体系结构复杂，以主体结构八道桁架层为界，共分为 9 区，每区幕墙的体系相对独立，被业界称为"世界顶级幕墙工程"。整个玻璃幕墙体系不仅需要克服上下跨度大、支撑玻璃幕墙的钢环梁构件超长等难题，更要综合考虑如何在台风、地震、高低温、幕墙玻璃板块自重加载等各种环境因素影响下，对幕墙变形及结构安全实施有效的控制。

上海中心大厦外幕墙工程选择了在支撑结构体系关键点上安装允许结构伸缩的"可滑移支座"方案，使外幕墙在外力作用下能在设计允许范围内发生竖向或水平位移，避免幕墙结构因应力过大而破坏。而其120°旋转向上收分的外形设计，为大楼降低了24%的风荷载，也可以有效抵御台风。为确保在狂风、暴雨和高压等恶劣条件下，上海中心大厦外幕墙的各项性能达到设计要求，杜绝"玻璃雨"，外幕墙经过了水密性能、气密性能、抗风压性能、平面内变形性能"四性测试"，以及150%设计荷载下结构安全等性能指标的试验，以保证安全。

图4-24 玻璃幕墙安装

上海中心大厦设计师还为外幕墙的玻璃设置了重重防护：第一道防护使用超白玻璃，与普通钢化玻璃相比，自爆率接近于零。第二道防护是在玻璃中加胶片，即使玻璃在剧烈的锤击试验下破裂，所有碎片也能牢牢附着在胶片上，不会落地。同时，双层幕墙之间的空腔成为一个温度缓冲区，就像热水瓶胆一样，避免室内直接和外界进行热交换，采暖和制冷的能耗比单层幕墙降低50%左右。

上海中心大厦的造型也极大满足了节能的需要。它摆脱了高层建筑传统的外部结构框架，减少大楼结构的风力负荷，节省了工程造价。同时，与传统的直线型建筑相比，上海中心大厦的内部圆形立面使其眩光度降低了14%，且减少了对能源的消耗。

➤ **职业启示**：高耸入云的上海中心大厦，是一项融汇了尖端科技的重大工程，是中国超高层建筑史上的骄傲。上海新地标的壮丽，不仅体现在超大规模的体量上，而且体现在超高的科技含量上，它充分体现了我国建筑工人的高超水平和精益求精的工匠精神。

单元 5　道路工程

单元概述

本单元内容主要包括道路工程的概念、道路运输的特点、道路的分类，还包括道路线形与道路结构组成、道路沿线设施。

单元目标

知识目标：
(1) 了解道路工程的概念以及道路运输的特点。
(2) 掌握道路线形与道路的结构组成，熟悉道路沿线设施。
(3) 熟悉道路的分类。

素养目标：
(1) 培养灵活运用理论知识解决问题的能力。
(2) 培养严谨、细致、精益求精的学习态度和作风。

5.1　道路工程概述

道路工程是指以道路为对象而进行的规划、设计、施工、养护与管理工作的全过程及其工程实体。道路通常是指为陆地交通运输服务，通行各种机动车、人畜力车、驮骑牲畜及行人的各种路的统称。交通运输是国民经济的动脉，而道路是国家经济和国防建设的基础设施。

道路具有交通运输、城乡骨架、公共空间、抵御灾难和发展经济的功能。道路作为城乡结构的骨架，是城市建设的基础，实现了城乡旅客与货物交通的中转、集散。道路是社会发展的基础产业，是经济发展的先行设施。道路建设在整个社会的发展中都起着举足轻重的作用。

5.1.1　道路运输的特点

道路运输与其他运输方式相比，有以下特点。

1) 机动灵活，适应性强。道路运输网一般比铁路、水路网的密度要大十几倍，分布面广，车辆可随时调度、装运，各环节之间的衔接时间较短。

2) 原始投资少。道路运输与铁路、水路、航空运输方式相比，所需固定设施简单，车辆购置费用一般也比较低。

3）可实现门到门运输，中、短途运送速度较快。道路运输可以把旅客和货物从始发地门口直接运送到目的地门口，实现门到门直达运输，这是道路运输与其他运输方式相比的显著特点之一。在中、短途运输中，由于道路运输可以实现门到门直达运输，中途不需要倒运、转乘就可以直接将客、货运达目的地，因此其客、货在途时间较短，运送速度较快。

4）安全性较低，环境污染较大。

5）运量较小，运输成本较高。

5.1.2 道路的分类

1. 按道路行政等级分类

（1）国道

国道是指在国家干线网中，具有全国性的政治、经济和国防意义的主要干线公路，包括重要的国际公路，国防公路，连接首都与各省（自治区）省会（首府）、直辖市的公路，连接各大经济中心、枢纽港站、商品生产基地和战略要地的公路。

（2）省道

省道是指具有全省（自治区、直辖市）政治、经济意义，并由省（自治区、直辖市）公路主管部门负责修建、养护和管理的公路干线。

（3）县道

县道是指具有全县政治、经济意义，连接县城和县内主要乡（镇）、主要商品生产和集散地的公路，以及不属于国道、省道的县际公路。

（4）乡道

乡道是指主要为乡（镇）村经济、文化、行政服务的公路，以及不属于县道以上公路的乡与乡之间及乡与外部联络的公路。

（5）专用公路

专用公路是指专供或主要供厂矿、林区、农场、油田、旅游区、军事要地等与外部联系的公路。

2. 按使用任务、功能和适应的交通量分类

道路按使用任务、功能和适应的交通量分为高速公路、一级公路、二级公路、三级公路、四级公路五个等级。

（1）高速公路

高速公路为专供汽车分向分车道行驶并全部控制出入的多车道公路。

（2）一级公路

一级公路为供汽车分向分车道行驶并可根据需要控制出入的多车道公路，是连接高速公路或某些大城市的城乡结合部、开发区经济带及人烟稀少地区的干线公路。

（3）二级公路

二级公路为供汽车行驶的双车道公路，是中等以上城市的干线公路或者通往大工矿区、港口的公路。

（4）三级公路

三级公路为主要供汽车行驶的双车道公路，沟通县、城镇之间的集散公路。

(5) 四级公路

四级公路为主要供汽车行驶的双车道或单车道公路，沟通乡、村等地的地方公路。

3. 按所在位置、交通性质及使用特点分类

道路按其所在位置、交通性质及使用特点分为公路、城市道路、林区道路、厂矿道路及乡村道路等。

（1）公路

公路是指连接城市、乡村和工矿基地，主要供汽车行驶，具有一定技术指标和工程设施的道路。

（2）城市道路

城市道路是指在城市范围内，供车辆及行人通行且具有一定技术条件和工程设施的道路，是城市人们生活和物质运输不可或缺的交通基础设施。城市道路除了为城市的各种交通服务外，还起到城市规划、救灾防灾等多方面功能，同时又具有功能多样、组成内容复杂、行人交通量大、交叉口多等特点。

城市道路由车行道，人行道，平、侧石及附属设施四个主要部分组成，如图 5-1 所示。

图 5-1 城市道路横断面

1）车行道。道路的行车部分，主要供各种车辆行驶，分机动车道、非机动车道。

2）人行道。供行人步行交通所用，宽度取决于行人交通量。

3）平、侧石。用于分隔车行道与人行道，也是路面排水设施的重要组成部分，同时又起到保护路面结构边缘部分的作用。

4）附属设施。包括排水设施、交通隔离设施、绿化、地上杆线和地下管网及其他附属设施等。

（3）林区道路

林区道路是指修建在林区，主要供各种林区运输工具通行的道路。林区道路类型包括集材道路、运材道路、营林道路、防火道路。

（4）厂矿道路

厂矿道路是指为工厂、矿山、油田、港口、仓库等服务的道路，分为厂外道路、厂内道路和露天矿山道路。

（5）乡村道路

乡村道路是指建在乡村、农场，为了方便农业生产和生活，主要供行人及各种农业运输工具通行的道路。

4. 按道路在城市道路网中的地位、功能作用、交通特征及其对建筑的服务功能分类

根据道路在城市道路网中的地位、功能作用、交通特征及其对建筑服务功能的不同，将城市道路分为快速路、主干路、次干路、支路四类。

（1）快速路

快速路是指双向行车道、中央设有分隔带、进出口全部采用立体交叉控制的道路，是解决城市大容量、长距离、快速交通的主要道路。

快速路在特大城市或大城市中，联系市区各主要地区、市区和主要的近郊区、卫星城镇，主要为城市远距离交通服务，可承受较高车速，具有较大的通行能力。

（2）主干路

主干路联系城市的主要工业区、住宅区，以及港口、车站等货运中心，承担城市的主要客、货运交通，是城市内部的交通大动脉。

（3）次干路

次干路是城市区域性的交通干道，为区域交通集散服务，兼有服务功能，结合主干路组成城市道路网。次干路可不设单独非机动车道，交叉口可不设立体交叉，部分交叉口可以做扩大处理，在道路两侧允许布置吸引人流的公共建筑，并应设停车场。

（4）支路

支路是次干路与街坊路的连接线，用于解决局部地区交通，以服务功能为主。部分主要支路可以补充干道网的不足，可以设置公共交通线路，也可以作为非机动车专用道。

5.2 道路的组成

道路由道路线形、道路结构和道路沿线设施三大部分组成。

5.2.1 道路线形

道路线形指的是道路在空间的几何形状和尺寸，简称路线。常用路线用平面线形、纵断面线形和道路横断面来表示。

道路线形在水平面上的投影称为路线的平面，沿中线竖直剖切后再展开称为路线的纵断面，中线上任一点的法向切面称为路线的横断面，如图5-2所示。

5.2.2 道路结构

道路结构主要包括路基、路面、桥涵、排水系统、防护工程、隧道、支撑工程、公路用土地及公路附属设施。

1. 路基

路基是轨道或者路面的基础，是经过开挖或填筑而形成的土工构筑物。路基的主要作用是为轨道或者路面铺设及列车或行车运营提供必要条件，并承受轨道及机车车辆或者路面及交通荷载的静荷载和动荷载，将荷载向地基深处传递与扩散。路基同时承受气候变化和各种

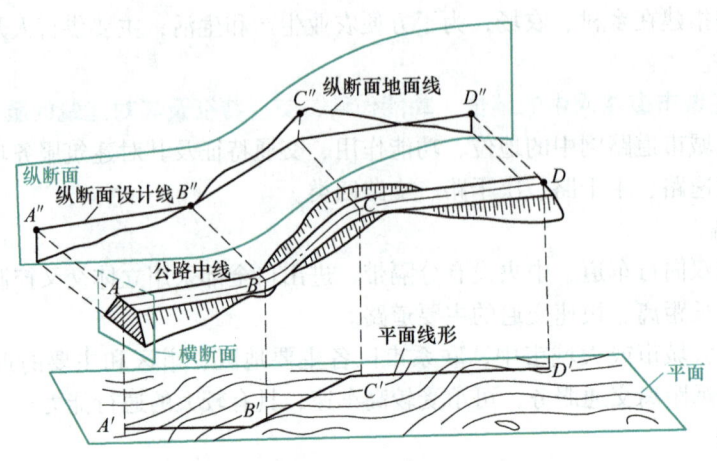

图 5-2 道路的平面、纵断面和横断面

自然灾害的侵蚀和影响,是整个公路构造的重要组成部分。

在纵断面上,路基必须保证线路需要的高程;在平面上,路基与桥梁、隧道连接组成完整贯通的线路。路基必须具有足够的稳定性、强度、刚度和水温稳定性。

路基横断面的基本形式有路堤、路堑、半填半挖路基三种,如图5-3所示。

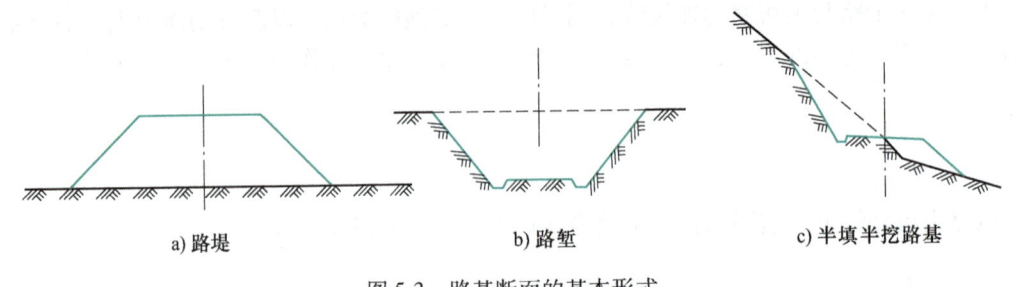

a) 路堤　　　　　　b) 路堑　　　　　c) 半填半挖路基

图 5-3 路基断面的基本形式

1) 路堤是指路基顶面高于原地面的填方路基,是在天然地面上用土或石填筑的具有一定密实度的线路构筑物。路堤结构、路基填料的选择与密实度控制在路基设计、施工中至关重要。路基的过量沉降会造成路基病害、增加线路养护维修工作量、影响正常行车,因此如何减小和控制路堤沉降是路基工程要解决的重要问题,主要通过控制填料、提高压实度等手段加以解决。

2) 低于原地面的挖方路基称为路堑,指从原地面向下开挖而成的路基形式。它能起到缓和道路纵坡或越岭线穿越岭口控制标高的作用。路堑又分为全路堑、半路堑、半山峒几种形式,如图5-4所示。路堑边坡处于地壳表层,开挖暴露后,受各种条件与自然因素的作用,容易发生变形和破坏,应慎重对待。

3) 半填半挖路基的横断面一部分为挖方,一部分为填方。半填半挖路基兼有路堤和路堑两者的特点,常见于山区道路。

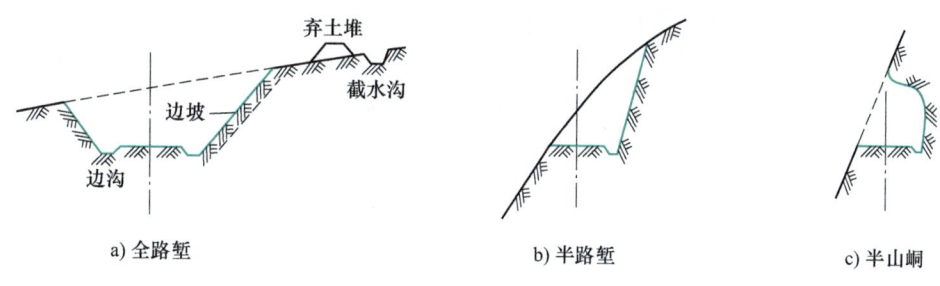

图 5-4 路堑类型

2. 路面

路面是铺筑在道路路基上与车轮直接接触的结构层,承受和传递车轮荷载,承受磨耗,经受自然气候的侵蚀和影响。对路面的基本要求是具有足够的强度、稳定性、平整度、抗滑性能等。

道路基层施工（平地机）

路面结构一般由面层、基层与垫层组成,如图 5-5 所示。面层是直接承受行车荷载作用、大气降水和温度变化影响的路面结构层次,应具有足够的结构强度,良好的高低温稳定性,耐磨、抗滑和不透水性,并且其表面层还应具有良好的平整度和粗糙度。基层设置在面层之下,并与面层一起将车轮荷载的反复作用传递到底基层、垫层、土基等起主要承重作用的层次。当路基土质较差、水温状况不好时,宜在基层（或底基层）之下设置垫层,起排水、隔水、防冻、防污或扩散荷载应力等作用。

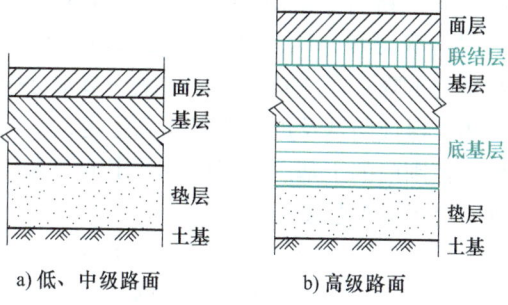

图 5-5 路面结构组成

路面可根据面层使用材料、结构强度和路面质量级别、力学特性等进行分类。

1）按面层使用材料分为沥青路面、水泥混凝土路面。

水泥混凝土路面是以水泥混凝土（配筋或不配筋）作为面层的路面。水泥混凝土路面强度高、能见度好,对夜间行车有利,同时养护费用少,经济效益高,但水泥混凝土路面有开放交通较迟、对水泥和水的需要量大、有接缝且修复困难等缺点。

沥青路面是通过各种方式将沥青材料用作矿料的结合料,经铺筑后形成路面面层并与其他各类基层和垫层共同组成路面结构的统称。与水泥混凝土路面相比,沥青路面具有表面平整、无接缝、行车舒适、耐磨、振动小、噪声低、施工期短、养护维修简便、适宜分期修建等优点。

2）按结构强度和路面的质量级别分为高级路面、次高级路面。高级路面用于快速路、主干路,次高级路面用于次干路和支路,见表 5-1。

3）按力学特性分为柔性路面、刚性路面。柔性路面的主要代表是各类沥青类路面,刚性路面的主要代表是水泥混凝土路面。

表 5-1　城市道路路面等级、分类、面层材料与使用年限

路面等级	城市道路分类	面层材料	使用年限/年
高级路面	快速路、主干路	水泥混凝土	30
		沥青混凝土、沥青碎石、天然石材	15
次高级路面	次干路、支路	沥青贯入式碎（砾）石	10
		沥青表面处治	8

3. 桥涵

桥涵是桥梁和涵洞（图5-6）的统称，是指公路跨越水域、沟谷和其他障碍物时修建的构筑物。当构筑物的单孔跨径 $L_0 \geq 5m$ 或多孔跨径 $L \geq 8m$ 时，称为桥梁，否则称为涵洞。

4. 排水系统

水是造成路基病害的主要因素，如水对土体的浸泡、冲刷等。水对路面的危害表现为：降低路面材料的强度，在水泥混凝土路面的接缝和路肩处造成唧泥；车辆荷载作用下引起的唧泥和高压水冲刷，造成路面基层承载能力下降；在冻胀地区，冻融季节水会引起路面承载能力的普遍下降。

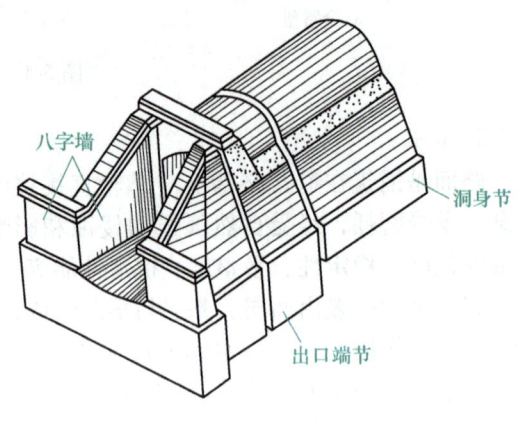

图 5-6　涵洞

为了保证路基及边坡的坚固和稳定，必须设置必要的排水设施。路基排水的任务，就是将路基范围内的土基湿度降低到一定的限度以内，保持路基常年处于干燥状态，确保路基、路面具有足够的强度与稳定性。

根据水源的不同，影响路基的水可分为地面水和地下水两大类，所以路基的排水设施也分为地面排水设施和地下排水设施。

（1）地面排水

地面排水可采用边沟、截水沟、排水沟、跌水、急流槽、拦水带、蒸发池等设施。其作用是将可能停滞在路基范围内的地面水迅速排除，防止路基范围内的地面水流入路基内。地面排水又分为临时排水和永久排水。临时排水应与永久排水相结合，排走的雨水不得流入农田、耕地，也不得引起水沟淤积和路基冲刷。当地下水位较高时，应采取疏导、堵截、隔离等工程措施。

（2）地下排水

地下排水设施有排水沟、暗沟（管）、渗沟、渗井、检查井等，其作用是将路基范围内的地下水位降低，或拦截地下水并将其排出路基范围以外。

路基排水设计时，必须考虑将影响路基稳定性的地面水排除或拦截于路基范围以外，并防止地面水漫流、滞积或下渗。对于影响路基稳定性的地下水，则应予以隔断、疏干、降低水位，并引导至路基范围以外的适当地点。路基排水要充分利用有利地形和自然水系，要注意防止附近山坡的水土流失，尽量不破坏天然水系，不轻易合并自然沟溪和改变水流性质，尽量选择有利地质条件布设人工沟渠，减少排水沟渠的防护与加固工程。对于重点路段的重要排水设施，以及土质松软和纵坡较陡地段的排水沟渠，应进行必要的防护与加固。

5. 防护工程

由岩土所筑成的路基，大面积暴露于空间，长期受自然因素的侵蚀，岩土在不利水温条件作用下，物理、力学性质将发生变化。为确保路基的强度与稳定性，路基的防护与加固是不可缺少的工程技术措施。

路基防护工程是防治路基病害、保证路基稳定、改善环境景观、保护生态平衡的重要工程，主要有边坡坡面防护、沿河路堤河岸冲刷防护与加固、湿软地基的加固处治。

（1）边坡坡面防护

边坡坡面防护主要是保护路基边坡表面免受雨水冲刷，减缓温差及湿度变化的影响，阻止和延缓软弱岩土表面的风化、碎裂、剥蚀演变进程，从而保护路基边坡的整体稳定性，在一定程度上还起到美化路基和协调自然环境的作用。坡面防护设施不承受外力作用，必须要求坡面岩土整体稳定牢固。

常用的坡面防护设施有植物防护和工程防护两种。植物防护有种草（图 5-7a）、铺草皮、植树等，以土质边坡防护为主；工程防护有框格防护、封面、护面墙、干砌片石护坡、浆砌片石护面墙（图 5-7b）、浆砌预制块护坡、锚杆钢丝网喷浆、喷射混凝土护坡等，以石质路堑边坡防护为主。在一定程度上，植物防护在边坡稳定和改善路容方面，优于工程防护。当不宜采用植物防护或考虑就地取材时，工程防护可根据不同条件选用，但造价较高，与周围环境协调性较差。

a）种草　　　　　　　　　　　　b）浆砌片石护面墙

图 5-7　边坡坡面防护

（2）沿河路堤河岸冲刷防护与加固

为了防止流水直接危害沿河、滨海路堤以及有关海河堤坝护岸的堤岸边坡和坡脚，必须采取一定的防止冲刷和加固的措施。沿河路堤河岸冲刷防护与加固主要对沿河滨海路堤、河滩路堤及水泽区路堤，也包括桥头引道、路基旁的防护堤岸等，起防水治害和加固堤岸双重作用。

沿河路堤河岸冲刷防护与加固有直接防护和间接防护两类。

1）直接防护。直接防护指对河岸或路基边坡所采取的直接加固措施，目的是抵抗水流的冲刷和淘刷作用。具体防护包括植物防护，铺石、抛石、石笼防护（图 5-8），以及土工织物防护。

土工织物防护是指采用一种双层织物袋——土工模袋，袋中充填流动性混凝土或水泥砂浆或小粒径石料混凝土，凝固后形成高强度和高刚度的硬结板块来进行防护。土工模袋可用于替代干砌块石、砂浆块石等修建堤坡、堤脚，构筑丁坝、堤坝主体，还可用于堤坝崩塌、江河崩岸险情的抢护。

直接防护的特点是尽可能不干扰或很少干扰原来的水流性质，对防护地段的上下游及河对岸影响轻微，要求防护本身应有足够强度和稳定性，适用于水流速度较缓，流向与堤岸接近平行或宽阔的河滩、凸岸、台地边缘等水流破坏作用较弱地段。

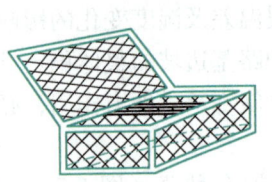 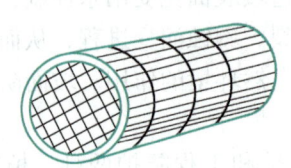 

图 5-8　石笼防护

2) 间接防护。间接防护是通过设置导流结构物改变水流方向，消除和减弱水流对堤岸的直接破坏，同时可减少堤岸近旁淤积，彻底消除水流对局部堤岸的损害，起安全保护作用。采用导流或阻流的方法，改变水流性质或者迫使主流流向偏离被防护的路段；减小流速，缓和水流对被防护路段的作用；改变河槽冲刷和淤积部位；改变河道等措施均属于间接防护。

导流结构物主要是坝，按其与河道的相对位置，一般可分为丁坝（图 5-9a）、顺坝（图 5-9b）、格坝、防洪堤、拦水坝等。

a) 丁坝　　　　　　　　　　　　b) 顺坝

图 5-9　导流结构物

丁坝的坝根与河岸相连接，坝头伸向河槽，与水流成一定角度，其作用是将水流挑离河岸或路基，改善流态。顺坝（导流坝）的坝根与河岸相连接，坝身与导流线基本重合，其作用是导流，束水，调整流水曲线，改善流态。

导流结构物的布置，应综合考虑河道宽窄、水流方向、地质条件、防护要求、材料来源、施工条件和工程经济等因素，要避免河床过多压缩，或因水位提高和水流改向，而危害河对岸或附近地段的农田、水利设施及堤岸等。导流结构物是桥涵和路基的重要附属工程。

（3）湿软地基的加固处治

湿软地基加固指提高湿软地基的承载能力，提高路堤稳定性，减少沉降量，加速固结需要采取的地基处理措施。

湿软地基加固方法包括换填土、碾压夯实、排水固结、振动挤密、土工格栅加筋和化学加固等，此外，还有石灰桩、砂桩与砂井等。湿软地基的加固可采用强夯法，利用重锤的强大冲击力，以达到地基排水固结，提高承载能力的目的。

5.2.3 道路沿线设施

道路除线形组成和结构组成外，为了保证行车安全舒适，增强路容美感，还需设置以下各种沿线设施。

1. 交通安全设施

交通安全设施是指为保证行车和行人安全，充分发挥道路的作用而设置的设施，如跨线桥、地道、信号灯、护栏、防护网、照明设施、反光标志等。

2. 交通管理设施

交通管理设施是指为保证良好的交通秩序，防止事故发生而设置的各种设施，如各种道路标志、紧急电话、可变（或不可变）情报板、监控装置等。

3. 交通服务设施

交通服务设施是指为汽车和乘客提供各种服务的设施，如加油站、维修站、停车场、食宿点等。

4. 其他沿线设施

其他沿线设施有绿化、小品建筑及装饰等。

思考题

1. 道路的结构组成包括哪些内容？
2. 什么是路基？路基横断面的基本形式有哪几种？
3. 按面层的使用材料不同可将路面分为哪几种？简述其各自的特点。
4. 路面由哪几部分组成？简述其各自的作用。
5. 路基防护与加固工程按作用不同，可分为哪几种？各自的作用是什么？
6. 我国城市道路是如何分类的？

雅安—西昌高速公路

雅安—西昌高速公路（图5-10）为中国四川省境内连接雅安市与西昌市的高速公路，是"十一五"重点公路建设项目，也是国家高速公路网"7918"中的第四条首都放射线北京—昆明高速公路中四川境内的重要路段。

雅安—西昌高速公路北起雅安南，南至冕宁，于2007年3月19日动工兴建，2020年8

月 28 日通过竣工验收工作。

该项目主要科技创新与新技术应用如下。

1）针对雅泸高速公路连续 51.2km 升坡克服 1518m 高差，首创了双螺旋隧道展线技术，绕避了栗子坪国家级自然保护区，为山区高速公路越岭展线提供了新方法。

2）构建了超长连续下坡路段驾驶负荷度的关系模型，提出了影响山区高速公路超长连续纵坡路段行车安全的基本理论，为超长连续路段安全行车提供了保障。

图 5-10　雅安—西昌高速公路

3）建立了基于地质构造损伤分区的成套隧道勘察技术，首创了隧道有效利用自然风的节能模式及通风井优选方法，创新了隧道超深埋岩爆段及高压富水断层破碎段施工处治技术，解决了复杂艰险山区特长深埋公路隧道建造与运营的关键技术难题。

4）发明了复杂山区小半径、S 形曲线钢管桁架拖拉架设方法，研发出高空钢管桁架过孔体系转换、导梁高空拆除技术与装备，创造了四项"世界第一"。

5）首次将钢管混凝土叠合柱结构、高抛免振 C80 高强混凝土技术，应用于同类型结构世界第一高墩（墩高 182.64m）。

6）提出了基于空气质量、工期和能耗的多指标体系隧道施工通风系统设计方法，解决了高落差小半径螺旋形曲线隧道通风难题。

雅安—西昌高速公路的通车，使成都到西昌行车时间由 9h 缩减为 5h，彻底改变了横断山脉交通不便的历史，带动了我国主要彝族聚居区的脱贫致富，促进了民族融合，具有重要的社会经济意义。

职业启示： 雅安—西昌高速公路让攀西的阳光照耀到更宽、更广的地方，它的出现，不管是对四川，还是对整个中国的公路建设发展，都有着非常重要的意义。在公路的施工过程中，中国工程团队充分发扬了不怕苦的精神，上千名工人和工程师，在横断山脉人迹罕至的地区工作生活了 5 年多，从 2007 年开工到 2012 年竣工，最终完成了整条高速公路的建设。作为接班人，我们应该勇毅前行、开拓创新，继续发扬不怕苦的精神，刻苦钻研，为中国的建设事业添砖加瓦。

单元 6 桥梁工程

单元概述

本单元内容主要包括桥梁工程的概述、桥梁的组成与分类以及桥梁施工方法,最后介绍了桥梁工程的发展前景。

单元目标

知识目标:
(1) 了解桥梁工程概念。
(2) 掌握桥梁的组成与分类。
(3) 熟悉桥梁上部结构与下部结构的施工方法。

素养目标:
(1) 培养安全生产观念,增强遵守职业道德和提高职业技能的自觉性。
(2) 培养对专业的认同感,激发行业自豪感。
(3) 树立吃苦耐劳、爱岗敬业的良好职业道德。

6.1 桥梁工程概述

桥梁是架设在空中跨越河流、山谷、线路以及其他障碍物、便于通行的构筑物。在公路、铁路及城市道路中,桥梁是重要的组成部分。

桥梁工程指桥梁勘测、设计、施工、养护和检定等的工作过程,以及研究这一过程的科学和工程技术,它在土木工程中属于结构工程的一个分支。桥梁工程学的发展主要取决于交通运输对它的需要。

6.1.1 桥梁的基本组成

桥梁的基本组成部分包括上部结构、下部结构、支座、附属设施、桥面构造,如图 6-1 所示。

1. 上部结构

上部结构即桥跨结构,指桥梁中直接承受桥上交通荷载并且架空的结构部分。

2. 下部结构

下部结构指的是支承桥梁上部结构并将其荷载传递至地基的构筑物。下部结构是桥梁的

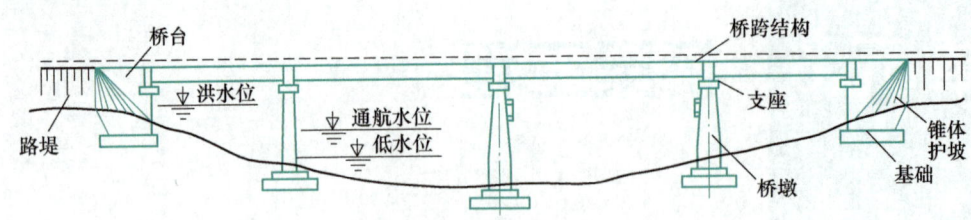

图 6-1 桥梁的基本组成

重要组成部分,由桥墩、桥台和基础三部分组成。下部结构承担着桥梁上部结构所产生的作用,并有效地传递给地基;桥台与路堤相连接,承受着桥头填土压力。桥墩主要决定桥梁高度和桥梁在平面上的位置,受地形、地质、水文和气候等自然因素影响较大。

常见的桥墩形式有 T 形桥墩、倒梯形桥墩、Y 形桥墩、双柱式桥墩等,如图 6-2 所示。

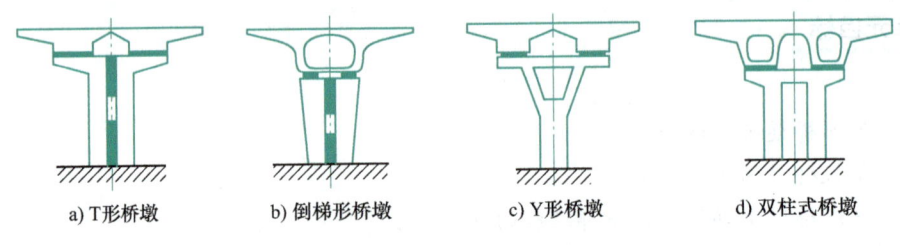

图 6-2 常见的桥墩形式

3. 支座

支座是支承上部结构并把荷载传递于桥梁墩台上的部分,它应满足上部结构在荷载、温度变化或其他因素作用下预计产生的位移要求。

4. 附属设施

附属设施指桥头搭板、锥形护坡、护岸、导流工程等。

5. 桥面构造

桥面构造是直接与桥梁服务功能有关的部件,包含桥面铺装、排水防水系统、栏杆、伸缩缝、灯光照明。

桥面铺装是指铺筑在桥面板上的防护层,用以防止车轮(或履带)直接磨耗桥面板,并扩散车轮荷载,也为车辆提供平整防滑的行驶表面。伸缩缝是在桥跨上部结构之间,或在桥跨上部结构与桥台端墙之间所设的缝隙,其目的是保证结构在各种因素作用下的变位。

6.1.2 桥梁的分类

桥梁的分类方法很多,可分别按其用途、建造材料、使用性质、行车道部分位置、桥梁跨越障碍物的不同等条件分类,最基本的方法是按其受力体系分类。

1. 按受力体系分类

桥梁按受力体系不同,一般分为梁式桥、拱式桥、刚架桥、悬索桥等基本体系,以及由部分基本体系组合而成的组合体系。

（1）梁式桥

梁式桥是指用梁或桁架梁作为主要承重结构的桥梁。其上部结构在竖向荷载作用下，支点只产生竖向反力。其主要承重构件的梁内产生的弯矩很大，通常需要用抗弯、抗拉能力强的材料（如钢、配筋混凝土、钢筋混凝土等）来建造。梁式桥的制造和架设比较方便，使用广泛，在桥梁建筑中占有很大比例。

梁式桥可分为简支梁桥、连续梁桥、悬臂梁桥等。

1）简支梁桥。简支梁桥（图6-3a）主梁简支在墩台上，各孔独立工作，不受墩台变位影响。简支梁就是梁的两端搭在两个支撑物上，梁端和支撑物铰接，支撑物只能给梁端提供水平和竖直方向的约束，不能提供转动约束的梁。简支梁是静定结构，单跨，由一个不动铰支座加另一个可沿梁轴线移动的铰支座组成。体系温变、混凝土收缩徐变、张拉预应力、支座移动等都不会在梁中产生附加内力，受力简单。

2）连续梁桥。连续梁桥（图6-3b）具有三个或更多个支承的梁，是超静定结构，多跨，弯曲变形连续，由多个不动铰支座组成，支座数为跨数加一。连续梁有中间支座，所以它的变形和内力通常比单跨梁要小，在桥梁工程结构中应用很广。

3）悬臂梁桥。悬臂梁桥（图6-3c）是将简支梁向一端或两端悬伸出短臂的桥梁。悬臂梁的一端是固定支座，另一端为自由端。由于悬臂梁属于静定结构，因此体系的温度变化、混凝土收缩徐变、支座移动等只会使悬臂梁出现变形，但是不会在悬臂梁中产生附加内力。

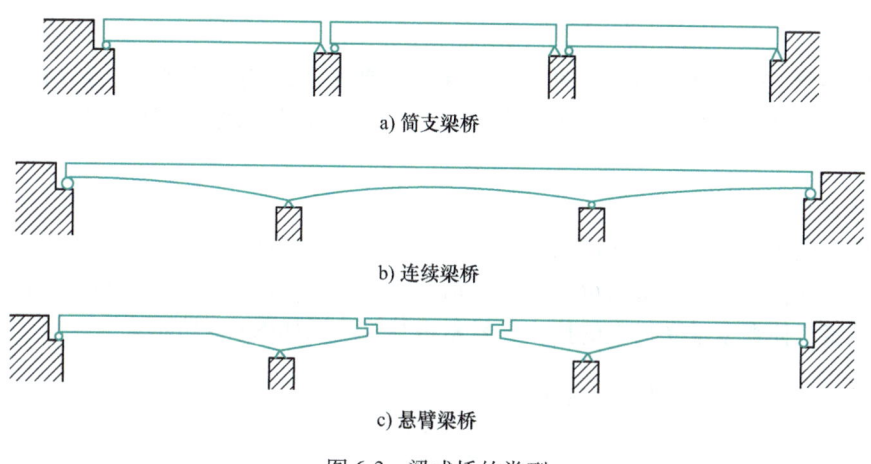

图6-3 梁式桥的类型

（2）拱式桥

拱式桥是用拱作为桥身主要承重结构的桥。拱式桥主要承受轴向压力，在竖向荷载作用下，桥墩和桥台承受水平推力。水平反力的作用，大大抵消了拱圈（或拱肋）内由荷载所引起的弯矩。因此，与同跨径的梁相比，拱的弯矩、剪力和变形都要小得多。拱式桥可用砖、石、混凝土等抗压性能良好的材料建造。

拱式桥跨越能力较大，与钢桥及钢筋梁桥相比，可节省钢材和水泥，养护、维修费用少，外形美观，构造较简单。拱式桥的基本组成如图6-4所示。

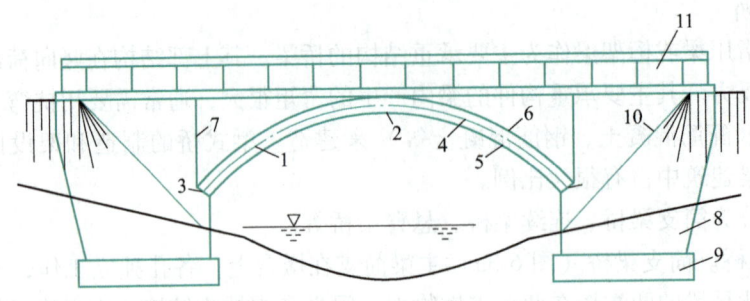

图6-4 拱式桥的基本组成

1—拱圈 2—拱顶 3—拱脚 4—拱轴线 5—拱腹 6—拱背 7—变形缝
8—桥墩 9—基础 10—护坡 11—拱上结构

按照行车道处于主拱圈的位置不同，拱式桥分为上承式拱桥、中承式拱桥和下承式拱桥三种，如图6-5所示。

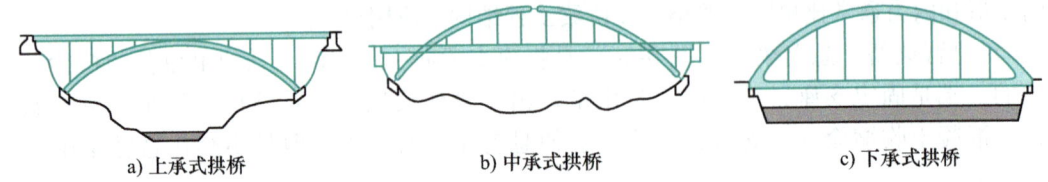

a) 上承式拱桥　　　　b) 中承式拱桥　　　　c) 下承式拱桥

图6-5 拱式桥按行车道处于主拱圈的位置不同分类

（3）刚架桥

刚架桥是介于梁与拱之间的一种结构体系，主要承重结构为刚架，它是由受弯的上部梁（或板）与承压的下部柱（或墩）整体结合在一起的结构。刚架桥能增加桥下净空高度，常用作跨线桥。

（4）悬索桥

悬索桥是以通过索塔悬挂并锚固于两岸（或桥两端）的缆索（或钢链）作为上部结构主要承重构件的桥梁。悬索桥的承载系统包括缆索、索塔和锚碇三部分。桥面竖向荷载通过吊杆传给缆索，使缆索承受很大的拉力。悬索桥结构示意如图6-6所示。

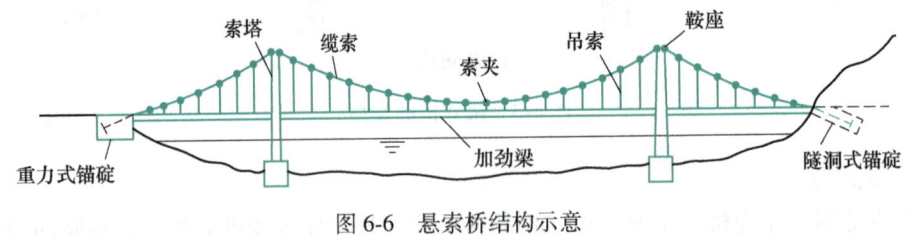

图6-6 悬索桥结构示意

悬索桥受力性能好、跨越能力大、轻型美观、抗震能力好，是跨越大江大河、海峡港湾的首选桥型。

（5）组合体系

根据结构受力特点，由几个不同基本体系的结构组合而成的桥梁称为组合体系。

1）T形刚构、连续刚构。T形刚构和连续刚构都是由梁和刚架相结合的体系，是预应力混凝土结构采用悬臂施工法发展起来的一种新体系。T形刚构是一种具有悬臂受力特点的梁式桥,从墩上伸出悬臂,跨中用剪力铰或简支挂梁组合而成,因墩上在两侧伸出悬臂,形同T形,故称此名。连续刚构是指墩梁固结的连续梁桥,在跨中采用预应力筋和现浇混凝土区段连成整体。

不管体系如何组合,刚构桥上部的梁主要是承弯构件。采用悬臂施工法,施工机具简单,施工快速,结构在悬臂施工时的受力状态与使用时的受力状态基本一致,所以省料、省工、省时。

2)梁、拱组合体系。这类体系中有系杆拱、桁架拱、多跨拱梁结构等。它们利用梁的受弯与拱的承压特点组成联合结构。在预应力混凝土结构中,因梁体内可储备巨大的压力来承受拱的水平推力,故这类结构既具有拱的特点,又非推力结构,对地基要求不高。这种结构施工比较复杂。

3)斜拉桥结构体系。斜拉桥结构体系实质上是梁与索的组合,是由承压的塔、受拉的斜索与承弯的梁体组合起来的一种结构体系。斜拉桥可看作拉索代替支墩的多跨弹性支承连续梁,可使梁体内弯矩减小,降低建筑高度,减轻结构质量,节省材料。斜拉桥主要由索塔、主梁、斜拉索组成,受拉的斜拉索将主梁多点吊起,并将主梁的恒载和车辆等其他荷载传至塔柱,再通过塔柱基础传至地基,如图6-7所示。

斜拉桥按梁所用的材料不同可分为钢斜拉桥、结合梁斜拉桥和混凝土梁斜拉桥。斜拉桥作为一种拉索体系,比梁式桥的跨越能力更大,是大跨度桥梁的主要桥型。

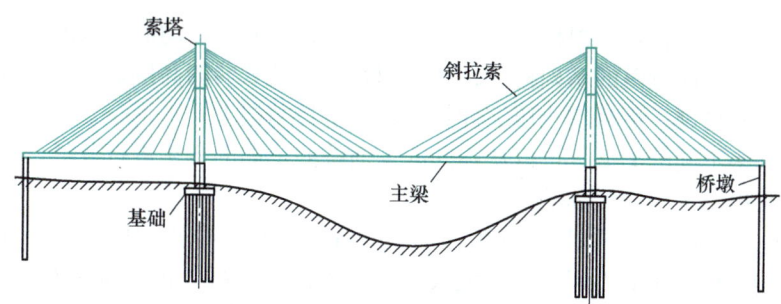

图 6-7 斜拉桥结构示意

2. 其他分类方法

1)按全长和跨径不同,可分为特大桥、大桥、中桥、小桥和涵洞,见表6-1。

表 6-1 桥梁按全长和跨径分类

桥梁分类	全长 L/m	单孔跨径 l/m
特大桥	$L>1000$	$l>150$
大桥	$100 \leq L \leq 1000$	$40 \leq l \leq 150$
中桥	$30 < L < 100$	$20 \leq l < 40$
小桥	$8 \leq L \leq 30$	$5 \leq l < 20$
涵洞		$l < 5$

2）按用途不同，可分为公路桥、铁路桥、公铁两用桥、农桥、人行桥、水运桥及其他专用桥梁。

3）按主要承重结构的材料不同，可分为木桥、钢桥、圬工桥（包括砖、石、混凝土桥）、钢筋混凝土桥、预应力钢筋混凝土桥、组合桥等。

4）按跨越障碍性质不同，可分为跨河桥、跨线桥、立交桥、高架桥、跨海桥和栈桥。

5）按桥跨结构与桥面的相对位置不同，可分为上承式桥、中承式桥和下承式桥。

6.2 桥梁施工方法

6.2.1 桥梁下部结构施工方法

1. 基础工程

在桥梁工程中，通常采用的基础有扩大基础、桩基础、沉井基础等。

（1）扩大基础

扩大基础是将墩（台）及上部结构传来的荷载直接传递至较浅的支承地基的一种基础形式，一般采用明挖基础的方法进行施工，故又称为明挖扩大基础或浅基础。正常工况下，扩大基础能提高拱坝整体刚度，改善岩体的应力状态。

扩大基础施工的顺序是先开挖基坑，对基底进行处理（当地基的承载力不满足设计要求时，需对地基进行加固），然后砌筑圬工或立模、绑扎钢筋、浇筑混凝土。

（2）桩基础

桩基础是通过承台把若干根桩的顶部联结成整体，共同承受动静荷载的一种深基础。桩是设置于土中的竖直或倾斜的基础构件，其作用在于穿越软弱的高压缩性土层或水，将桩所承受的荷载传递到更硬、更密实或压缩性较小的地基持力层上。

桩基础有许多不同的类型，可以从不同的方面按照不同的方法进行分类。按照施工方法不同，桩基础可以分为预制桩和灌注桩。

1）预制桩。预制桩是在工厂或施工现场制成各种材料和形式的桩，而后利用打桩设备将预制钢筋混凝土桩或预应力混凝土桩沉入地基土中的桩基础。由于桩是在预制场内制造，故桩身质量易于控制，沉入时的施工工序简单，工效高，能保证质量。但多数情况下施工噪声和振动的公害大，污染环境，并且受运输、起吊设备能力等条件的限制，单节预制桩的长度不能过长。

预制桩沉桩按照成桩方式的不同，分为锤击沉桩法、振动沉桩法、静力压桩法、射水沉桩法、钻孔埋桩法。

① 锤击沉桩法是利用桩锤下落时的瞬时冲击机械能，克服土体对桩的阻力，使桩静力平衡状态遭到破坏，导致桩体下沉，达到新的静力平衡状态，如此反复地锤击桩头，桩身不断地下沉。锤击沉桩法是预制桩最常用的沉桩方法。该法施工速度快，机械化程度高，适应范围广，但施工时有挤土、噪声和振动等公害，在城市中心或夜间施工时有所限制。

② 振动沉桩法是采用振动沉桩机（振动锤）将桩沉入地层的施工方法。该法操作简便，沉桩效率高，施工速度快，工期短，费用省，不需要辅助设备，施工适应性强，沉桩时桩的横向位移和变形小，并且噪声较小。但振动锤的构造复杂，维修较难，设备使用寿命较短，耗电量大，地基受振动影响大，遇到坚硬地基时穿透困难。

③ 静力压桩法是利用静压力（压桩机自重及配重）将预制桩逐节压入土中的压桩方法。这种方法施工时无冲击力、无噪声、无振动、无污染，对周围环境的干扰小，适用于软土地区、城市中心或建筑物密集处的桩基础工程，以及精密工厂的扩建工程。

④ 射水沉桩法是利用在桩尖处设置的冲射管喷出高压水，冲刷桩尖处的土体，在桩尖周围地基松动、摩擦阻力减小的同时，使桩受自重以及锤击、振动、静压等作用而下沉的施工方法。这种施工方法不易损伤桩材，沉桩效率高，施工时的噪声和振动极小。由于射水破坏了桩周土的结构，桩在下沉时易发生偏斜，因此该法只能作为锤击、振动和静力沉桩的辅助手段，而不允许单独使用。

⑤ 钻孔埋桩法是预先在桩位进行钻孔取土，然后以锤击、振动、静压等方法沉桩的一种施工方法，适用于黏土、砂土、碎石土且河床覆土较厚的情况。

2）灌注桩。灌注桩是一种就位成孔，灌注混凝土（必要时可设置钢筋笼）而制成的桩。灌注桩按其成孔方法不同，可分为钻孔灌注桩、沉管灌注桩、挖孔灌注桩、爆扩灌注桩等。

① 钻孔灌注桩是指利用钻孔机械钻出桩孔，并在孔中浇筑混凝土（或先在孔中吊放钢筋笼）而成的桩。钻孔灌注桩施工噪声、振动小，能建造比预制桩的直径大得多的桩，在各种地基上均可使用，具有较高的安全性及较强的稳定性。混凝土浆液渗透至土层深处，能使土层与灌注桩桩体紧密结合起来，从而使地基更加牢固可靠，同时灌注桩能够有效控制地基沉降，从而对土层产生压实效果。

钻孔灌注桩施工主要工序是：场地准备→埋设护筒→制备泥浆→钻机就位→钻进→清孔→成孔检查→吊放钢筋笼→下导管→二次清孔→灌注水下混凝土→桩基检测。其施工流程如图6-8所示。

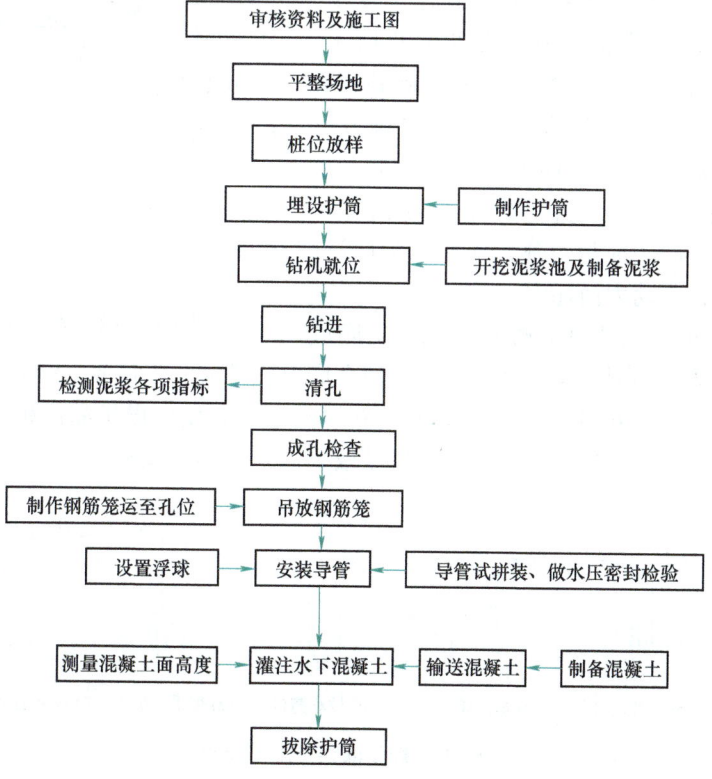

图 6-8　钻孔灌注桩施工流程

② 沉管灌注桩是土木工程中众多类型桩基础中的一种，是采用与桩的设计尺寸相适应的钢管（即套管），在端部套上桩尖后沉入土中，在套管内吊放钢筋笼，然后边浇筑混凝土边振动或锤击拔管，利用拔管时的振动捣实混凝土而形成所需要的灌注桩。沉管灌注桩施工流程如图 6-9 所示。这种施工方法适用于有地下水、流砂、淤泥的情况。其特点是设备简单、施工方便、操作简易、施工速度快、工期短、造价低、随地质条件变化适应性强。但桩管口径的限制影响了单桩承载力，且施工的振动、噪声大。

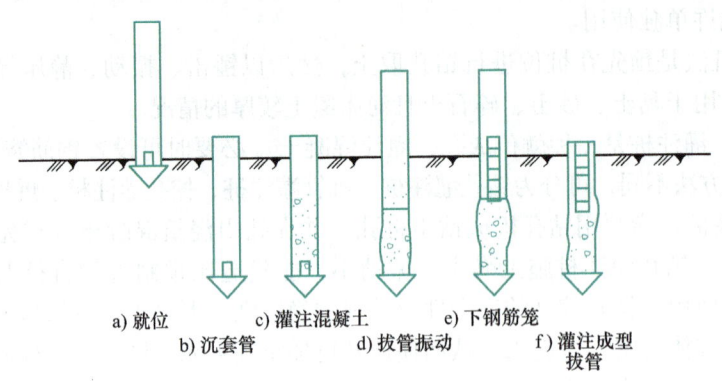

图 6-9 沉管灌注桩施工流程

③ 挖孔灌注桩是先用人力挖土形成桩孔，并在向下掘进的同时，将孔壁衬砌以保证施工安全，在清理完孔底后，浇灌混凝土，如图 6-10 所示。为了确保人工挖孔施工过程中的安全，施工时必须考虑预防孔壁坍塌和流砂现象发生。这种方法可形成大尺寸的桩，对周围环境也没有影响。挖孔灌注桩可直接观察土层变化情况，便于清孔和检查孔底及孔壁，施工质量可靠，应用较为广泛。但其劳动条件差，劳动力消耗大。

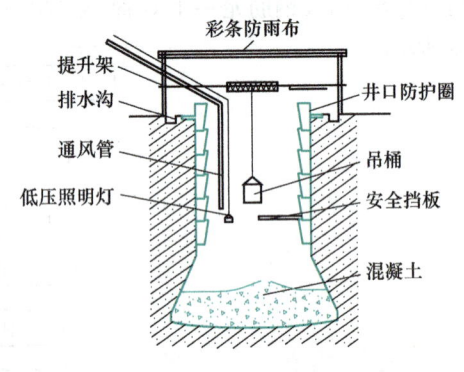

图 6-10 挖孔灌注桩施工流程

④ 爆扩灌注桩是指用钻孔爆扩成孔，孔底放入炸药，再灌入适量的混凝土，然后引爆，使孔底形成扩大头，再放入钢筋笼，浇筑桩身混凝土，其施工流程如图 6-11 所示。在软土和新填土中不宜使用爆扩灌注桩，因为软土和新填土松软，空隙率大，会造成填塞不良，爆破效果差，孔形不规则。

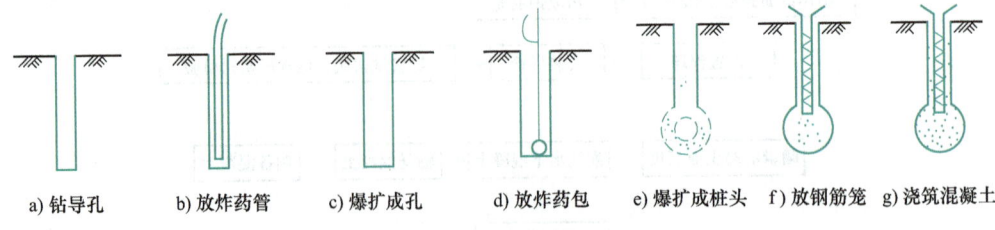

图 6-11 爆扩灌注桩施工流程

灌注桩成孔方法根据机械不同，通常有螺旋钻机成孔法、潜水钻机成孔法、冲击钻机成孔法、正循环回转法、反循环回转法、冲抓钻机成孔法、旋转锥钻孔法、取土钻孔法。

桥梁下部结构桩基础施工

（3）沉井基础

沉井基础是一个井筒状的结构物，它是从井内挖土，依靠自身重力克服井壁摩擦阻力后下沉到设计标高，然后采用混凝土封底并填塞井孔，成为桥梁墩台或其他结构物的基础。沉井基础的特点是埋置深度大，整体性强，稳定性好，有较大的承载面积。沉井既是基础，又是施工时挡土和挡水的围堰结构物，施工工艺简便，技术稳妥可靠，在深基础或地下结构中应用较为广泛，如桥梁墩台基础、地下泵房、水池、油库、矿用竖井以及大型设备基础、高层和超高层建筑物基础等。

2. 承台

承台指的是为承受、分散由墩身传递的荷载，在桩基础顶部设置的联结各桩顶的钢筋混凝土平台。承台上再建桥墩，形成完整的传力体系。

位于旱地、浅水河中采用土石筑岛施工桩基的桥梁，其承台的施工方法与扩大基础的施工方法相类似，可采取明挖基坑、简易板桩围堰后开挖基坑等方法进行施工。对于深水中的承台，可供选择的施工方法通常有钢板桩围堰、钢管桩围堰、双壁钢围堰及套箱围堰等。不论何种围堰，其目的都是止水，以实现承台的干施工。钢板桩和钢管桩围堰实际上是同一类型的围堰形式，只不过所用材料不同。双壁钢围堰通常是将桩基和承台的施工一并考虑，即先在堰顶设钻孔平台，桩基施工结束后拆除平台，在堰内进行承台施工。套箱现多采用钢材制作，分有底和无底两种类型，根据受力情况不同又可设计成单壁或双壁两种形式。

3. 墩（台）身

墩（台）身的施工方法根据其结构形式的不同而不同。对结构形式较简单、高度不大的中小桥墩（台）身，通常采用传统的方法，立模（一次或几次）现浇施工；但对高墩及斜拉桥、悬索桥的索塔，则有较多可供选择的方法。根据模板结构形式的不同，可以采取滑升模板、爬升模板和翻升模板进行施工。其共同的特点是将墩（台）身分成若干节段，从下至上逐段进行施工。

采用滑升模板（简称滑模）施工，对结构物外形尺寸的控制较准确，施工进度平稳、安全，机械化程度较高，但因多采用液压装置实现滑升，故成本较高，所需要的机具设备也较多。爬升模板（简称爬模）一般要在模板外侧设置爬架，因此这种模板相对而言需耗用较多的材料，体积也较庞大。但不需设另外的提升设备。翻升模板（简称翻模）结构较简单，施工也较方便，不过需设专门用于提升的起吊设备。

墩（台）身应根据现场的实际情况，进行综合比较后再选择适宜的施工方案。

6.2.2 桥梁上部结构施工方法

桥梁上部结构的施工方法可分为现浇法和预制安装法两大类。

1. 现浇法

（1）固定支架法

固定支架法是在桥跨间设置支架，安装模板，绑扎钢筋，现场浇筑混凝土的施工方法，特别适用于旱地上的钢筋混凝土和预应力混凝土中小跨径连续梁桥的施工。在这种施工方法中，支架虽为临时结构，但施工中需承受梁体的大部分恒重，因此必须有足够的强度和刚度，同时支架的地基要可靠，必要时需对地基进行加固处理。固定支架法施工的特点是：梁的整体性好，施工平稳、可靠，不需大型起重设备；施工中无体系转换的问题；需要大量施工支架，并需要有较大的施工场地。

（2）逐孔现浇法

逐孔现浇法可在支架或移动模架上逐孔现浇施工。

1）在支架上逐孔现浇施工。这种施工方法与固定支架法相类似，区别在于逐孔现浇施工仅在梁的一孔（或两孔）间设置支架，完成后将支架整体转移到下一孔进行连续施工，因此这种方法可仅用一孔（或两孔）的支架和周转使用模板，所需施工费用较少，适用于中小跨径及结构构造比较简单的预应力混凝土桥梁。

2）在移动模架上逐孔现浇施工。这种施工方法使用不着地移动式的支架和装配式的模板进行连续逐孔现浇施工。此法不需设置地面支架，不影响通航和桥下交通，施工安全、可靠；一套模架可多次周转使用，机械化、自动化程度高，节省劳动力，降低劳动强度；但其模架设备的投资较大，拼装与拆除都较复杂。此法适用于多跨长桥，如高架桥、海湾桥施工。

（3）悬臂浇筑法

悬臂浇筑法的主要设备是一对能行走的挂篮（图6-12），挂篮在已经张拉锚固并与墩身连成整体的梁段上移动，绑扎钢筋、立模、浇筑混凝土、施预应力都在其上进行。完成本段施工后，挂篮对称向前各移动一节段，进行下一对梁段施工，循序前行，直至悬臂梁段浇筑完成。

图6-12 挂篮悬臂浇筑施工

挂篮是悬浇节段的施工平台和承重结构。悬臂浇筑施工不需要在跨间设置支架，施工期间不影响桥梁通航，使用少量施工机具设备就可以很方便地跨越深谷和河流。每墩有两个工作面平行作业，几个墩可同时施工，有利于缩短工期，梁段施工都在挂篮上完成，能保证施工的连续性和施工质量，适用于大跨径连续梁桥的施工。

（4）顶推法

顶推法施工是沿桥纵轴方向，在桥台后设置预制场浇筑梁段，达到设计强度后，在桥头沿桥纵轴线方向将逐段预制张拉的梁向前推出使之就位的桥梁施工方法。在梁体前端安装钢导梁，然后通过水平千斤顶施力，将梁体向前方顶推出施工场地，重复这些工序即可完成全部梁体的施工，连续梁顶推法施工示意图如图6-13所示。

顶推法施工设备简单、施工平稳、噪声小、施工质量好,适用于深谷和宽深河道上的桥梁、高架桥、等曲率曲线桥、带有竖曲线的桥和坡桥。

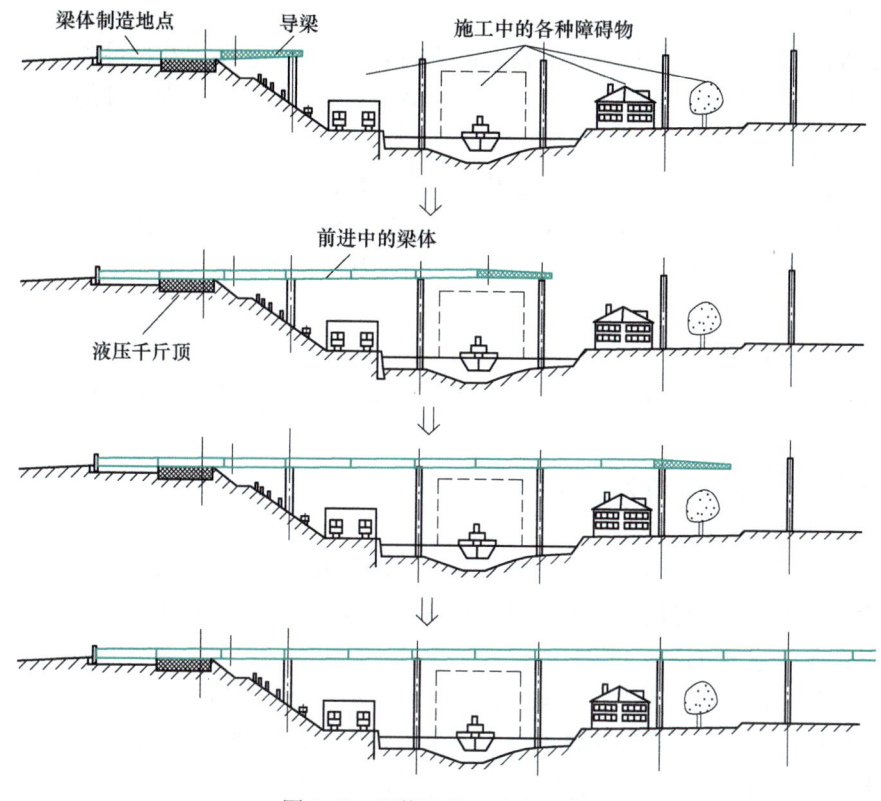

图 6-13 顶推法施工流程示意图

2. 预制安装法

预制安装法是在预制工厂或运输方便的桥位附近设置预制场,在预制场内进行梁的预制工作,再对成品梁进行运输和安装。其特点是工厂化生产,有利于确保梁体质量和尺寸精度,可以较多采用机械化施工,施工速度快。

(1) 自行式起重机吊装法

自行式起重机吊装法多采用汽车式起重机、履带式起重机和轮胎式起重机等机械。现场吊装孔跨内或引道上应有足够设置起重机的场地,同时应确保运梁道路的畅通,起重机的选定应充分考虑梁体的重量和作业半径。

(2) 跨墩龙门安装法

跨墩龙门安装法是在墩台两侧顺桥向设置轨道,在其上安置跨墩的门式起重机,将梁体在吊起状态下运至架设地点,安装在预定位置。此法一般可将梁的预制场地安排在桥头引道,以缩短运梁距离。该法施工作业简单、迅速,容易保证施工安全,但设备费用较高,要求架设地点的地形应平坦且良好,梁体应能沿顺桥向搬运,桥墩不能太高。

(3) 架桥机安装法

架桥机安装法是预制梁的典型架设安装方法。在孔跨内设置安装导梁,以此作为支承梁来架设梁体,这种作为支承梁的安装梁结构称为架桥机。专用架桥机施工不受架设孔跨的桥墩高度和梁下条件的影响，架设速度快，作业安全度高，对于跨数较多的长大桥梁更具优越性。

（4）浮吊架设法

浮吊架设法一般适用于河口、海上长大桥梁的架设安装，包括整孔架设和节段式块件的悬臂拼装。此法工期较短，但浮吊费用较高，且易受气象、海象和地理条件的影响。

（5）缆索吊装法

当桥址为深谷、急流等桥下净空不能利用时，在桥台上或桥台后方设立钢塔架，塔架上悬挂缆索，以此缆索作为承重索进行架设安装的施工方法即为缆索吊装法。缆索吊装法较多地应用于拱桥的拼装施工中。缆索吊装法比其他方法架设的机械庞大且工期长，采用前应对其经济性进行充分分析。

（6）逐孔拼装法

逐孔拼装法一般适用于节段式预应力混凝土连续梁的施工。在施工的孔跨内搭设落地式支架或采用悬吊式支架，将节段预制块件按顺序吊放在支架上，然后在预留孔道内穿入预应力筋，对梁施加预应力使其成为整体。

（7）悬臂拼装法

悬臂拼装法是将梁体分节段预制，墩顶附近的块件用其他架设机械安装或现浇，然后以桥墩为对称点，将预制块件沿桥跨方向对称起吊、安装就位后，张拉预应力筋，使悬臂不断接长，直至合龙的施工方法。

悬臂拼装施工包括梁体预制、运输、拼装、合龙等工序。悬臂拼装法施工速度快，桥梁上、下部结构可并行施工，预制块件的施工质量易控制，但预制节段所需的场地较大，且拼装精度在大跨桥梁的施工中要求较高，结构整体性差、施工变形不易控制、起重能力要求大。此法施工时不影响通航或桥下交通，宜在跨深水、山谷和海上进行施工。

悬臂拼装法和悬臂浇筑法的对比见表6-2。

表6-2 悬臂拼装法和悬臂浇筑法对比

项目	悬臂拼装法	悬臂浇筑法
节段形成	预制	现浇
主要施工平台和机具	预制平台、移动式起重机	挂篮
起重能力	起吊节段，起吊能力大	起吊钢筋和混凝土，起吊能力小
施工进度	因节段预制，上下部同时施工，且拼装工期短（1~2d）	混凝土现浇，节段施工周期5~7d
结构整体性	拼装接缝一般为胶接缝，整体性差	存在节段施工缝，整体性好
施工变形控制	控制难度大，靠接缝调整	易控制，靠挂篮标高调整
适用性	预制场地及运吊条件好，工程量大或工期较短的梁桥工程	施工期水位变化频繁、不宜水上作业的大跨径桥梁施工

悬臂拼装法可用的机具设备较多，有移动式起重机、移动桁式起重机、缆索起重机、汽车式起重机和起重船等，可根据不同的桥梁结构和地形条件进行选择。

思考题

1. 桥梁的基本组成包含哪几部分？
2. 桥梁按照结构体系可划分为哪些类型？
3. 桥梁工程中采用的基础有哪些形式？

行业丰碑

杭州湾跨海大桥

杭州湾跨海大桥（图6-14）是一座横跨杭州湾海域的跨海大桥，北起嘉兴，南至宁波，全长36km。它是连接长三角地区的经济枢纽。历时5年，大桥于2008年5月1日正式通车。大桥的建成缓解了沪杭甬高速公路的运输压力，形成了以上海为中心的江浙沪两小时交通圈。

杭州湾跨海大桥桥梁总长35.7km。全桥总计耗用混凝土245万m^3，各类钢材82万t，用钢量相当于7个"鸟巢"，工程总投资约138亿元人民币，工程规模浩大。杭州湾跨海大桥是中国自行设计、自行管理、自行投资、自行建造完成的跨海大桥。

图6-14　杭州湾跨海大桥

杭州湾跨海大桥在设计中首次引入了"景观设计"的概念，景观设计师借助西湖苏堤"长桥卧波"的美学理念，兼顾杭州湾水文环境特点，结合行车时司机和乘客的心理因素，确定了大桥总体布置原则。整座大桥平面为S形曲线，总体上看，线形优美、生动活泼。从侧面看，在南北航道的通航孔桥处各呈一拱形，形成起伏跌宕的立面形状。

杭州湾跨海大桥科技含量之高首先体现在施工工艺方面。桥梁设计采取预制化、工厂化、大型化、变海上施工为陆上施工的施工方案，突破了长期以来设计决定施工的理念。预制吊装的最大构件为长70m、宽16m、高4.0m、重2180t的预应力混凝土箱梁，最长的构件为长度84m、直径1.6m的超长钢管桩。为了减轻海水中氯离子对大桥钢材和混凝土的腐蚀，延长大桥使用年限，设计者专门研制了一整套防治海水腐蚀的有效方案，还利用硬件及接口技术、网络及数据库技术、图像图形技术、人工智能技术、计算数学、有限元技术、力学等多学科技术，建立了一套大桥设计、建设及养护管理的科学评价体系。这样，不仅可对大桥进行科学合理的维护管理，而且大桥的运营时况也在实时掌控中。

杭州湾跨海大桥突破了杭州湾的瓶颈，优化了国道主干线的路网布局，改善了宁波交通末端状况，有利于实施环杭州湾区域发展战略网，大大提升了宁波这一极具发展潜力的经济中心城市的竞争力。杭州湾跨海大桥的建设也有利于支持上海国际航运中心建设，促进宁波、舟山深水良港资源的整合开发和利用，有利于旅游业的发展和国防建设，缓解杭州过境公路的交通压力，推动长三角地区的合作与交流，增强综合实力和国际竞争力。

土木工程概论

➡ **职业启示**：杭州湾跨海大桥是一座由我国自行设计、自行管理、自行投资、自行建造的特大型交通基础设施，大桥的建成改变了长三角地区的交通格局，从而促进了区域经济的发展。杭州湾跨海大桥工程规模大、施工难度大、技术含量高。它的成功离不开建设者甘于奉献、创新为民、追求卓越、勇攀高峰的精神和风气，更离不开他们奋勇向前的拼搏与努力。我们要争做一名合格的建设者，为祖国桥梁建设事业的发展贡献一份力量。随着工程技术的深入研究与发展，我国的桥梁建设事业一定会取得更加辉煌的成果。

单元 7　铁路工程

单元概述

本单元主要对铁路的线路、路基、线路上部建筑以及城市轨道的结构组成进行介绍。

单元目标

知识目标：
(1) 了解铁路工程和高铁。
(2) 掌握铁路的结构组成。
(3) 了解城市轨道发展的分类与特点，熟悉轨道结构组成。

素养目标：
(1) 培养爱国主义精神，增强文化自信和文化认同。
(2) 培养严谨、细致、一丝不苟的职业观。
(3) 树立工程人的责任感、自豪感和荣誉感。

7.1　铁路工程概述

铁路工程既指各种铁路工程设施，又指修建铁路的各个阶段（勘测、设计、施工、养护、改建等）所运用的技术和管理的总称。

铁路运输的优点有运输能力大、安全可靠、速度快、成本低、污染小，基本不受气象和气候影响，能源消耗远低于航空和公路运输，是现代运输体系中的主干力量。

高速铁路是世界铁路的一项重要成就，它集中反映了一个国家铁路线路结构、列车牵引动力、高速运行控制、高速运输组织和经营管理等方面的技术水平，也体现了一个国家的科技和工业水平。高速铁路是社会经济发展和运输市场竞争的需要，促进了地区经济和城市一体化进程，在经济发达、人口密集地区的经济效益和社会效益尤为突出。

7.2　铁路结构组成

铁路由线路、路基和线路上部建筑三部分组成。

7.2.1　线路

铁路线路是为了进行铁路运输所修建的固定路线，是机车车辆和列车运行的基础，是铁路横断面中心线在铁路平面中的位置，如图 7-1 所示。

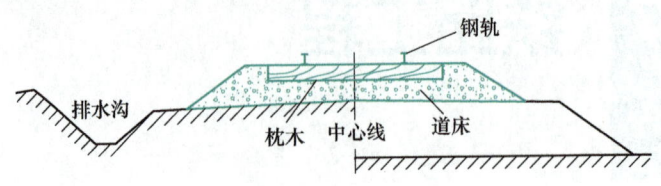

图 7-1　铁路线路示意图

7.2.2　路基

铁路路基是轨道的基础，是铁路线路的重要组成部分，承受并传递轨道的重量及列车的动载荷。铁路路基采用天然土、石构筑，暴露于大自然中，不断受到侵蚀、破坏。

1. 路基的断面形式

通常把垂直于线路中心线的路基横截面称为路基横断面，简称路基断面。按照路基所处的地势情况与横断面的形状不同，路基断面可以分为三种形式：路堤、路堑、半路堤半路堑。铁路工程中的路堤、路堑、半路堤半路堑的概念与道路工程中相同。

2. 路基的组成

铁路路基由路基本体和路基附属设施两部分组成。

（1）路基本体

路基本体包括用天然土、石所填筑的路堤和在天然地层中挖出的路堑。它直接支撑轨道，承受通过轨道的列车荷载，是路基的主体。

铁路路基本体主要包括：路基顶面、路肩和路基边坡，如图 7-2 所示。

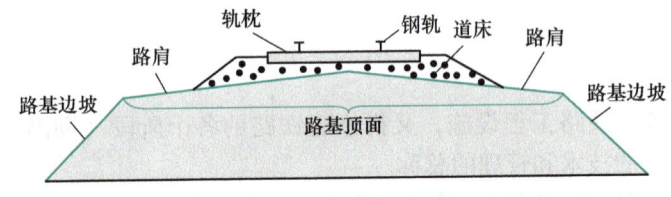

图 7-2　铁路路基本体

1）路基顶面。路基顶面即路基的顶部，是铺设轨道的工作面。路基顶面根据形状不同，分为有路拱和无路拱两种形式，如图 7-3 所示。

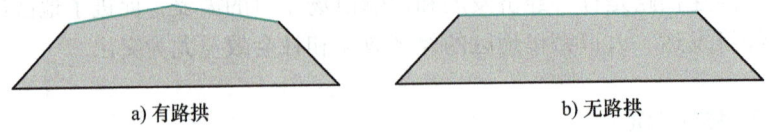

图 7-3　铁路路基顶面按形状分类

2）路肩。路肩是路基顶面两侧无道床覆盖的部分。路肩可以抵抗路基核心部分在受压力时向外发生挤动、变形，加强路基的稳定性，防止道碴滚落于路基坡面，保持道床完整，便于设置必要的线路、信号标志。

3) 路基边坡。路基边坡是路肩边缘以外的斜坡。

(2) 路基附属设施

路基附属设施包括排水设施、防护设施以及加固工程。

1) 排水设施。路基应有良好、完善的排水系统。排水设施应布置合理,与桥梁、隧道、车站等的排水设施衔接配合,有足够的过水能力。设计路基排水设施时,应与水土保持及农田水利的综合利用相结合。路基排水设施分为地面排水设施和地下排水设施。

地面排水设施用来将有可能停滞在路基范围以内的地面水迅速排除到路基以外,并防止路基以外的地面水流入路基范围,以免下渗浸湿路基土体或形成漫流冲刷路基边坡,如侧沟、排水沟、天沟等。

地下排水设施根据水文和地质条件修筑于地面以下一定深度,用来截断、疏干、引出地下水或降低地下水位,以使路基及边坡保持干燥状态,提高土的稳固能力,如排水槽、渗水暗沟、渗井等。

2) 防护设施。对路基边坡采用植被防护、砌石防护等坡面防护,以增强路基边坡的抗风化能力。在滨河、河滩、水库地段采用植被防护、抛石防护进行冲刷防护(图7-4)。

铁路混凝土构件——桥下防护栅栏预制

3) 加固工程。加固工程指通过修建加固结构物或采取其他措施,使路基获得稳定,例如挡土墙(图7-5)、扶壁、挡棚等。当山区地面横坡过陡时,常在路基下侧边坡设置挡土墙,或在靠山侧设置路堑挡土墙以降低路堑高度,减少土石方工程量,避免破坏天然植被引起灾害。

图7-4 路基边坡冲刷防护

图7-5 挡土墙

7.2.3 线路上部建筑

线路上部建筑包括钢轨、轨枕、道床、道岔,如图7-6所示。

1) 钢轨起承受车身重力及引导列车运行方向的作用。

2) 轨枕是钢轨的支座,它除了承受钢轨传来的力并将其传给道床以外,还起着保持钢轨的方向和轨距的作用。因而,轨枕应具有足够的强度、弹性和耐久性。轨枕有木枕和预应力混凝土轨枕两种。

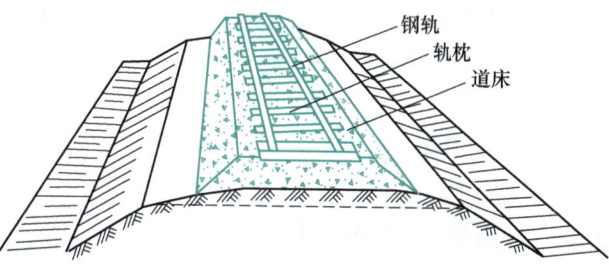

图7-6 线路上部建筑

轨枕生产制作

3）道床是铺设在路基顶面上的道碴层。其作用是把由轨枕传递的车辆荷载均匀传布到路基面上，阻止轨道在列车作用下产生位移，并缓和列车的冲击作用。此外，道床有利于排水以保持路基面和轨枕干燥，以及便于调整路线平面和纵断面。

4）道岔是铁路线路间连接和交叉设备的总称。其作用是控制线路转向或越过与其相交的另一条线路。道岔大多设在车站区。

线路上部建筑的强度和稳定性，取决于钢轨类型、轨枕类型和密度、道床类型和厚度等。

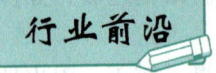

中国高铁

截止 2022 年底，我国铁路运行总里程 15.5 万千米，其中高速铁路系统总路程超 4 万千米，为全球最大规模的高速铁路系统。目前我国普遍运行的高铁动车组主要包括"和谐号"CRH 系列，"复兴号"CR400、CR300、CR200 系列，其中"复兴号"是由中国铁路总公司牵头组织研制、具有完全自主知识产权、达到世界先进水平的动车组列车（图7-7）。

目前运行"复兴号"的线路主要有：京沪高速、沪宁高速、宁安客专、宁蓉线、沪昆高速等。

图7-7 "复兴号"动车组列车

作为京沪快速客运通道，京沪高铁是中国"四纵四横"客运专线网的其中"一纵"，也是投资规模大、技术水平高的一项工程，是新中国成立以来一次建设里程长、投资大、标准高的高速铁路。

点评：中国铁路的发展，从无到有、从慢到快、从稀到密、从落后到先进，靠的是中国人民不畏艰辛、励精图治、勤劳勇敢的精神。从技术引进，到自主研发，经过漫长的摸索与研究，中国已具有世界先进水平的高速铁路，形成比较完善的高铁技术体系；通过引进消化吸收再创新发展策略，系统掌握构造速度 200～250km/h 的动车组制造技术，并且完成构造速度 350km/h 的动车组技术平台的搭建。《高速铁路设计规范》的正式发布，标志着中国高铁建设技术标准体系的正式建立。

7.3 城市轨道交通

7.3.1 城市轨道交通概述

城市轨道交通是指具有固定线路，铺设固定轨道，配备运输车辆及服务设施等的公共交通设施。

畅通、高效、可靠的交通出行不仅是出行者选择出行方式的基础，更是城市交通管理者追求的目标。城市轨道交通凭借快速、便捷、安全、运量大和运输效率高等特性，成为城市公共交通的重要组成部分。在中国已经运营轨道交通的城市中，越来越多的居民选择乘坐轨道交通出行。

城市轨道交通是采用轨道结构进行承重和导向的车辆运输系统，依据城市交通总体规划的要求，设置全封闭或部分封闭的专用轨道线路，以列车或单车形式，运送相当规模客流量的公共交通方式。城市轨道交通是城市公共交通的骨干，是绿色环保交通体系，适用于大中城市。

1. 城市轨道交通的特点

（1）准时性

城市轨道交通在专用行车道上运行，不受其他交通工具干扰，无线路堵塞现象并且不受气候影响，是全天候的交通工具，列车能按运行图运行，具有准时性。

（2）速达性

与常规公共交通相比，城市轨道交通运行在专用行车道上，车辆有较高的运行速度，有较大的启、制动加速度，多数采用高站台，列车停站时间短，上下车迅速方便，而且换乘方便，可以使乘客较快地到达目的地，缩短了出行时间。

（3）舒适性

城市轨道交通具有较好的运行特性和乘车条件，车辆、车站等装有空调、引导装置、自动售票等直接为乘客服务的设备，其舒适性优于公共电车、公共汽车。

（4）安全性

城市轨道交通运行在专用轨道上，没有平交道口，不受其他交通工具干扰，并且有先进的通信设备，极少发生交通事故。

（5）空间利用率高

城市轨道交通充分利用地下和地上空间，不占用地面街道，能有效缓解道路拥挤、堵塞，有利于城市空间合理利用。

（6）费用低廉

城市轨道交通主要采用电气牵引，而且轮轨摩擦阻力较小，与公共电车、公共汽车相比节省能源，运营费用较低。

（7）污染较低

城市轨道交通采用电气牵引，与公共汽车相比不产生废气污染。在线路和车辆上采取了各种降噪措施，一般不会对城市环境产生严重的噪声污染。

2. 城市轨道交通的分类

城市轨道交通的种类形式繁杂多样，以下根据轨道不同的外观造型或运输能力为依据进行分类。

（1）地铁系统

地铁系统是在城市中修建的快速、大运量、用电力牵引的轨道交通系统，采用钢轮钢轨体系，列车主要在大城市地下空间修筑的隧道中运行，当条件允许时也可以穿出地面，在地上或是高架桥上运行。根据选用车型不同，可分为常规地铁和小断面地铁；根据线路客运规模不同，可分为高运量地铁和大运量地铁。地铁车辆的基本车型有 A 型车、B 型车和 L_B 型车（直线电机）三种。地铁系统的主要标准及特征见表7-1。

表 7-1 地铁系统的主要标准及特征

项目		标准及特征		
车辆	车型	A 型	B 型	L_B 型
	车辆基本宽度	3000mm	2800mm	2800mm
	车辆基本长度	22.0m	19.0m	16.8m
	车辆最大轴重	≤16t	≤14t	≤13t
	车辆编组	4~8 辆	4~8 辆	4~8 辆
	车辆长度	100~190m	80~160m	70~140m
线路	类型、形式	地下、高架及地面，全封闭型		
	线路半径	≥200m	≥250m	≥100m
	线路坡度	≤35‰	≤35‰	≤60‰
客运能力		4.5~7.0 万人次/h	2.5~5.0 万人次/h	2.5~4.0 万人次/h
供电电压及方式		DC 1500V 接触网供电	DC 1500V/750V 接触网或三轨	DC 1500V/750V 接触网或三轨
平均运行速度		≥35km/h		

(2) 轻轨系统

轻轨系统是一种中运量快速轨道交通运输系统，大多采用浅埋隧道或高架桥的方式，可以运行在地下、地面，也可以建成高架轨道形式。它是由现代有轨电车发展起来的，既可在技术上自成体系，也可采用地铁技术制式，几乎与地铁难以辨别。但从宏观上说，轻轨系统最主要特征是其客运量规模比地铁小，其单向高峰小时断面流量为 10000~30000 人。

(3) 单轨系统

单轨系统是一种车辆与特制轨道梁组合成一体运行的中运量轨道交通系统，轨道梁不仅是车辆的承重结构，还是车辆运行的导向轨道。单轨系统的类型主要有两种：一种是车辆跨骑在单片梁上运行的方式，称为跨座式单轨系统（图 7-8a）；另一种是悬挂在单根梁上运行的方式，称为悬挂式单轨系统（图 7-8b）。

a) 跨座式单轨系统

b) 悬挂式单轨系统

图 7-8 单轨系统类型

（4）有轨电车

有轨电车是采用电力驱动并在轨道上行驶的轻型轨道交通车辆。有轨电车是一种公共交通工具，也称路面电车。列车一般不超过5节，在街道行驶，占用道路空间。电车以电力驱动，车辆不会排放废气，因而是一种无污染的环保交通工具。目前我国只有少数几个城市还保留着有轨电车。

（5）磁悬浮系统

磁悬浮列车是一种靠磁悬浮力来推动的列车，它通过电磁力实现列车与轨道之间无接触的悬浮和导向，再利用直线电机产生的电磁力牵引列车运行。其轨道的磁力使之悬浮在空中，减少了摩擦力，运行时不同于其他列车需要接触轨道，只受来自空气的阻力。高速磁悬浮列车的速度可达400km/h以上，中低速磁悬浮列车速度则多数为100~200km/h。

7.3.2 轨道结构组成

轨道作为主要的线路设备，给行驶的列车提供导向和承载的作用。

轨道结构由钢轨、轨枕、连接零件、道床、防爬器、轨距拉杆及其他附属设备等组成，如图7-9所示。不同的轨道部件，其功能和受力情况各不相同。轨道结构应具有足够的强度、稳定性、耐久性、绝缘性和弹性，且便于养护维修，以确保列车安全运行和乘客乘坐舒适。

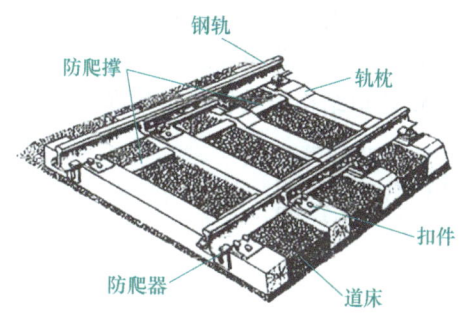

图7-9 轨道结构组成

1. 钢轨

钢轨是轨道结构的主要部件。它与列车车轮直接接触，具有以下几方面的功能。

①为车轮提供连续、平顺和阻力小的滚动表面，并引导车辆前进。

②承受来自车轮的垂直、水平横向和纵向的作用力。

③在电气化线路上，作为供电系统的回流线路及信号系统的轨道电路的载体。

2. 轨枕

轨枕是轨下基础的重要部件。它的功能是支承钢轨，保持轨距和轨道方向，并将钢轨受到的各种作用力传递到道床上。轨枕按铺设方法不同分为横向轨枕、纵向轨枕、短轨枕和宽轨枕；按使用的场所不同分为用于区间线路上的普通轨枕、用于道岔上的岔枕和用于无碴桥上的桥枕；按使用材料不同分为木枕和预应力混凝土轨枕。我国目前大量采用预应力混凝土轨枕。

3. 扣件

连接钢轨和轨枕的中间连接零件称为扣件。扣件的作用是将钢轨固定在轨枕上，保持轨距并阻止钢轨相对于轨枕的纵向和横向移动。扣件分为木枕扣件、混凝土轨枕扣件和无碴轨枕扣件。

4. 道床

道床介于轨枕与路基之间，是轨道的重要组成部分，用石碴铺筑形成的道床称为道碴道床。道床的优点是造价低、弹性好、易于维修以恢复轨道形态，但缺点是自重大、不易保持轨道几何形态、维修工作量大、容易脏污。用作道碴的材料有碎石、熔炉矿渣、筛选卵石

土木工程概论

等。材料要满足质地坚韧，吸水度低，排水性能好，耐冻性强，不易风化，不易压碎、捣碎和磨碎，不易被风吹动和被水冲走的要求。

城市轨道交通线路普遍采用无砟的整体道床。它没有道砟层，是用混凝土或钢筋混凝土浇灌在坚实的基础上形成整体形式的道床。整体道床轨道稳定性好，养护维修工作量极少，结构简单，外表整洁美观，但施工精度要求较高，道床弹性较差，扣件的形式较复杂，整体道床发生病害时，修复较为困难。

5. 道岔

使列车由一条线路转向另一条线路运行的设备称为道岔。

思 考 题

1. 铁路的结构组成包含哪几部分？
2. 简述铁路路基的作用和组成部分。
3. 铁路路基横断面的基本形式有哪几种？
4. 铁路路基附属设施有哪些？
5. 轨道结构组成包含哪几部分？

行业丰碑

京津城际铁路

京津城际铁路（图7-10）是环渤海地区城际客运系统的重要组成部分，是我国客运专线建设的示范、标志、试验工程，是我国自主建成的首条设计时速350km/h的高速铁路。京津城际铁路的建设与运营实践，全面验证并系统完善了我国时速350km/h的高速铁路技术标准体系，为京沪高速铁路和其他铁路客运专线起到了重要的示范和支撑作用。

图7-10 京津城际铁路

京津城际铁路线路长度116.55km，投资203.6亿元，绝大部分为深厚松软土地基地段。国内首次跨区间长区段铺设无砟轨道长114.8km，占总长度的98.5%；桥梁31座，长100.3km，占总长度的86.1%；路基6段，长16.3km，占总长度的13.9%。2005年7月开工建设，2008年8月开通运营。项目研究自2003年开始，历经数年联合技术攻关，解决了一系列重大技术难题，取得了很多创新成果。

1. 项目主要技术创新点

1）首创时速 350km/h 高速铁路土建工程建造技术。解决了空间线形设计及动态评价、深厚松软土地区高标准沉降控制、复杂桥梁建造、跨区间无砟轨道无缝线路建造、高速声屏障脉动风压及动力响应等一系列技术难题。

2）创新了系统集成和联调联试技术。攻克了高速铁路总体设计、接口管理、系统试验等关键技术，实现了京津城际铁路系统集成，形成了高速铁路联调联试及运行试验成套技术。

3）构建了高速铁路运营管理技术体系。创新了高速铁路运营调度、旅客服务、时速 350/250km/h 不同速度等级动车组共线运行控制、高速移动语音和数据通信技术，建立了高速铁路运营管理规章制度、设备养护维修作业办法和安全保障体系。

4）构建了高速铁路牵引供电系统技术体系。创新了时速 350km/h 弓网受流技术，解决了受电弓和接触网的动态稳定接触和受流等关键技术难题。

5）成功研制了时速 350km/h 高速动车组。解决了气动性能、振动噪声和牵引制动性能等一系列技术难题，突破了高速动车组系统集成、宽车体等系统关键技术，搭建了高速动车组系统设计、制造和调试试验技术平台。

2. 科研成果

2009 年，京津城际铁路工程获铁道部"火车头"优质工程奖；同年，京津城际铁路工程获第九届詹天佑土木工程奖。

2010 年，京津城际铁路工程被评为新中国成立 60 周年"百项经典建设工程"。

2013 年，京津城际铁路工程获得国家科技进步一等奖。

项目共获国家专利 19 项，其中发明专利 4 项，实用新型专利 15 项。软件著作权 1 项，出版专著 4 部，发表学术论文 100 余篇，成果纳入《高速铁路设计规范》等规范、规程、规定，为推动我国高速铁路技术进步作出了重大贡献。

3. 价值意义

京津城际铁路拉近了北京、天津两个特大型城市的距离，极大促进了环渤海地区社会经济发展，放大了各类生产要素、资源配置的空间，对两大城市经济社会发展产生了重要影响，为北京奥运会提供了良好的交通运输条件，提升了我国在国际上的形象和地位。

作为我国首条设计时速 350km/h 的高速铁路，京津城际铁路不仅培养出一批中国高速铁路发展和建设的探路人、先行者，还为中国高铁领跑世界提供了技术积累和宝贵经验。此外，京津城际铁路以运行安全平稳、乘坐舒适快捷、节能环保等优势，推动了交通运输方式的巨大变革。

职业启示：目光长远才能树立品牌。今天的高铁，已然成为我国战略发展的重要成分，大大拉动了区域经济发展。事实证明，一个行业要真正强大，必须要有长远的目光，不唯眼前利益是图。中国制造需要一个长远的规划，以低质量、低价格换取市场的时代已经过去，再不思长远发展，永远不会有屹立世界巅峰的那一天。

专注创新才能不断强大。在短短十几年里，中国高铁始终坚持"原始创新、集成创新、引进消化吸收再创新"的发展思路，攻克了高速转向架等九大核心技术，成功研制了时速 350km/h 等速度等级的高速动车组。

单元 8 地下及隧道工程

单元概述

本单元内容包括地下工程及隧道工程，主要介绍地下工程的概念、分类，隧道工程的概念、分类、组成，隧道施工方法等。

单元目标

知识目标：
(1) 了解地下工程的概念与分类。
(2) 熟悉隧道工程的不同分类方法。
(3) 掌握隧道结构的基本构造。
(4) 了解隧道施工方法。

素养目标：
(1) 培养务实严谨、精益求精的工匠精神和职业态度。
(2) 树立正确的职业观，培养质量意识、安全意识。

8.1 地下工程

8.1.1 地下工程概述

地下工程是指深入地面以下，为开发利用地下空间资源所建造的地下土木工程。地下工程在交通运输方面包括地下铁路、公路隧道、地下停车场等；在军事方面包括地下指挥所、军火库等；在工业与民用方面包括地下车间、电站、库房、商店、人防与市政地下工程。

随着国民经济的高速发展，我国城市化水平正在快速提高，人口过度膨胀，交通拥挤、堵塞，建筑空间拥挤，绿化面积减小，城市污染加剧，环境质量下降，迫使人们开发利用地下空间。合理开发和利用地下空间是解决城市有限土地资源和改善城市生态环境的有效方法，是城市走可持续发展道路的重要途径。

8.1.2 地下工程分类

地下工程可按其使用性质、周围岩土介质、设计施工方法、结构形式、横断面形状、衬砌材料和衬砌构造形式等进行分类。

1. 按使用性质分类

地下工程按使用性质分，有地下交通工程、地下市政管道工程、地下工业建筑、地下民用建筑、地下仓储工程、地下军事工程、地下文娱文化设施、地下体育设施等。

2. 按周围岩土介质分类

地下工程按周围岩土介质分，有软土地下工程、硬土（岩石）地下工程、海（河、湖）底或悬浮工程。

地下工程按地下工程所处围岩介质的覆盖层厚度，有深埋工程、浅埋工程、中埋工程。

3. 按设计施工方法分类

地下工程按设计施工方法分，有明挖法、盖挖法、浅埋暗挖法、沉箱法、沉井法、沉管法、盾构法、矿山法、顶管法、新奥法、钻爆法等。

盾构法施工

盾构法是利用盾构机进行隧道开挖、衬砌等作业的施工方法。盾构机（图8-1）是一种带有护罩的专用设备，利用尾部已装好的衬砌块作为支点向前推进，用刀盘切割土体，同时排土和拼装后面的预制混凝土衬砌块（图8-2）。盾构机掘进的出碴方式有机械式和水力式两种，以水力式居多。水力式盾构在工作面处有一个注满膨润土液的密封室。膨润土液既用于平衡土压力和地下水压力，又作为输送排出土体的介质。

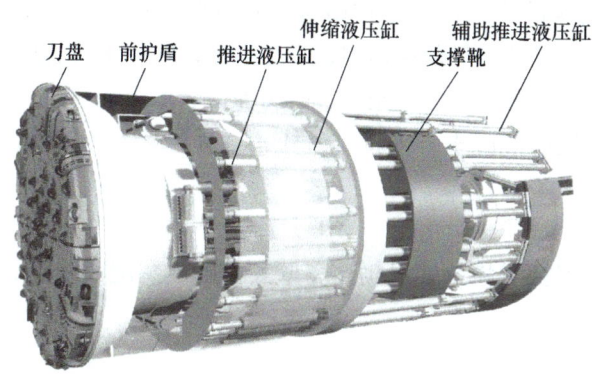

图8-1 盾构机

图8-2 拼装预制混凝土衬砌块

盾构机既是一种施工机具，又是一种强有力的临时支撑结构。盾构机外形类似一个大的钢管机，用来抵挡外向水压和地层压力。它包括三部分：前部的切口环、中部的支撑环以及后部的盾尾。

盾构法施工具有施工速度快、洞体质量比较稳定、对周围建筑物影响较小等特点，适合在软土地基段施工。

➡ **点评**：盾构法施工作为隧道机械化施工的体现，其机械化配套仍然需要不断加以改进与完善，促进推广和应用。加强地质勘探、超前预报工作，加强对隧道施工技术及新设备的开发与研究，加强环境保护工作和信息化管理，可使隧道施工技术的发展迈向新阶段。

4. 按结构形式分类

地下工程按结构形式分，有附建式、单建式。附建式是地下建筑和地面建筑结合在一起的结构形式（图 8-3a）；单建式是独立修建的地下工程（图 8-3b）。

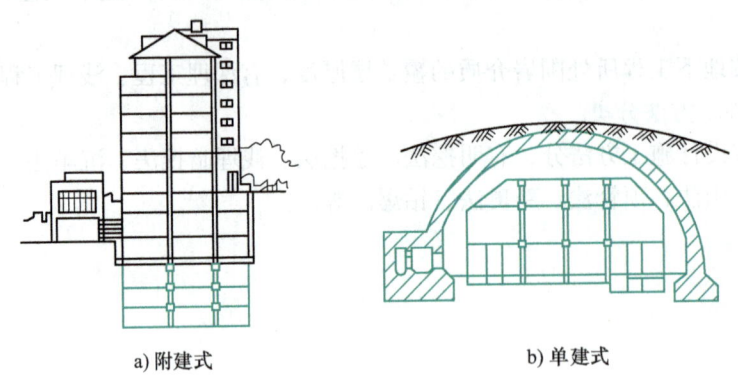

a) 附建式　　　　　　　　　　b) 单建式

图 8-3　地下工程按结构形式分类

5. 按横断面形状分类

地下工程横断面形状有圆形、口形、马蹄形、直墙拱形、曲墙拱形、落地拱、联拱（塔拱）、穹顶直墙等。

6. 按衬砌材料分类

衬砌又称支护，它是在地下工程周围构筑的永久性的支护结构。其主要作用：一是承重，即承受围岩压力、地下水压力、结构自重以及其他荷载作用；二是围护，除用来防止围岩风化与崩塌外，还具有防水和防潮的作用；三是有足够的刚度、耐腐蚀性、稳定性。

衬砌材料主要有砖、石、砌块混凝土、钢筋混凝土、钢轨、锚杆、喷射混凝土、铸铁、钢纤维混凝土、聚合物钢纤维混凝土等。

7. 按衬砌构造形式分类

根据现场浇筑施工方法不同，衬砌构造形式有模筑式衬砌、离壁式衬砌、装配式衬砌、锚喷支护衬砌等。

8.2　隧道工程

隧道是埋置于地层内的工程建筑，是人类利用地下空间的一种形式，是建筑在岩体、水底或土体的，两端有出口的，供车辆、行人、水流及管线等通过的通道。

隧道可减少线路受自然因素，如风、沙、雨、雪、塌方及冻害等的影响，延长线路使用寿命，减少行车事故；在山岭地区可以大大减少展线，缩短线路长度；在城市可减少交通占地，形成立体交通；在江河、海峡及港湾地区，可不影响水路通航。但是，隧道工程穿越的地质条件复杂多变，遇到意外情况较多，工程定位、设计、施工方法都必须随时作相应的调整；施工作业面窄，可容纳的劳动力和机械设备受到限制，对工业化、机械化施工要求高；

造价昂贵。

8.2.1 隧道的分类

隧道的种类繁多，有多种分类方法，可按隧道用途、长度、断面面积、断面形式、地质条件、埋置深度以及隧道所处的位置分类。

1. 按用途分类

隧道按用途不同可分为交通隧道、水工隧道、市政隧道、矿山隧道。

（1）交通隧道

交通隧道主要是为交通提供躲避障碍物和减小高差的运输通道，如铁路隧道、公路隧道、水底隧道、航运隧道及人行地道等。

（2）水工隧道

水工隧道是水利工程和水力发电枢纽的一个重要组成部分。根据用途可以分为以下四种形式。

① 引水隧道：把水引入水电站发电机组，产生动力资源。

② 尾水隧道：把发电机组排出的废水输送出去的隧道。

③ 导流隧道（泄洪隧道）：用来疏导水流。

④ 排沙隧道：用于冲刷水库中淤积的泥沙。

（3）市政隧道

市政隧道是修建在城市地下，用于敷设各种市政设施地下管线的隧道。

市政隧道按其本身的用途不同可分为排水隧道、供水隧道、煤气隧道、暖气和热水管线隧道、电线和电缆隧道、混合隧道。

（4）矿山隧道

在矿山的开采过程中，常架设一些矿山隧道通往矿床，也叫巷道，如运输巷道、给水巷道以及通风巷道等。

2. 按长度分类

① 短隧道：铁路隧道规定全长 $L \leqslant 500\mathrm{m}$，公路隧道规定全长 $L \leqslant 500\mathrm{m}$。

② 中隧道：铁路隧道规定全长 $500\mathrm{m} < L \leqslant 3000\mathrm{m}$，公路隧道规定全长 $500\mathrm{m} < L \leqslant 1000\mathrm{m}$。

③ 长隧道：铁路隧道规定全长 $3000\mathrm{m} < L \leqslant 10000\mathrm{m}$，公路隧道规定全长 $1000\mathrm{m} < L \leqslant 3000\mathrm{m}$。

④ 特长隧道：铁路隧道规定全长 $L > 10000\mathrm{m}$，公路隧道规定全长 $L > 3000\mathrm{m}$。

3. 按断面面积分类

① 特大断面隧道：断面面积在 $100\mathrm{m}^2$ 以上。

② 大断面隧道：断面面积在 $50\sim100\mathrm{m}^2$ 之间。

③ 中等断面隧道：断面面积在 $10\sim50\mathrm{m}^2$ 之间。

④ 小断面隧道：断面面积在 $3\sim10\mathrm{m}^2$ 之间。

⑤ 极小断面隧道：断面面积在 $3\mathrm{m}^2$ 以下。

4. 其他分类方法

1）按照隧道所处的地质条件不同分为土质隧道和石质隧道。

2）按照隧道所处的位置不同分为山岭隧道、水底隧道和城市隧道。

马蹄形隧道断面

3）按照隧道断面形式不同分为圆形、椭圆形、马蹄形、矩形。
4）按照隧道埋置深度不同分为浅埋隧道和深埋隧道。

8.2.2 隧道结构组成

隧道是一种地下工程结构物，包括主体构筑物和附属设施设备两部分。主体构筑物是为了保持岩体的稳定和行车安全而修建的人工永久建筑，由洞身和洞门（部分隧道还包括明洞）组成；附属设施设备是为了运营管理、维修养护等而修建的设施设备，包括避车洞、消防设施、应急通信设施、防排水设施、通风和照明设备等。

1. 洞身

洞身是隧道的主体构筑物，其作用是承受围岩压力、结构自重及其他荷载，阻止围岩风化、崩塌，以及洞内防水、防潮等。

根据周围岩体（土体）的不同，洞身衬砌主要有以下几种类型：

（1）整体式模筑混凝土衬砌

整体式模筑混凝土衬砌采用混凝土或钢筋混凝土为材料就地灌注而成，其工艺流程为：立模→灌筑→养生→拆模。衬砌材料一般为素混凝土，当围岩条件很差时，可考虑用钢筋混凝土衬砌。其特点是对地质条件适用性较强，易于按需要成型，整体性好，抗渗性强，并适用于多种施工条件。整体式模筑混凝土衬砌根据断面形状可分为直墙式衬砌和曲墙式衬砌。

1）直墙式衬砌。这种类型的衬砌适用于地质条件比较好，以垂直围岩压力为主而水平围岩压力较小的情况。

2）曲墙式衬砌。曲墙式衬砌适用于地质条件比较差，岩体松散破碎，强度不高，又有地下水，侧向水平压力也相当大的情况。

（2）预制拼装式衬砌

将衬砌分解为若干块构件（也称管片，如图8-4所示），这些构件在现场或工厂预制，然后运到现场安装成的衬砌即为预制拼装式衬砌。其特点是便于机械化施工，拼装时不需要设置临时支护，且一经拼装成环便可承受围岩压力。

（3）锚喷衬砌

锚喷衬砌是由喷射混凝土、锚杆、钢筋网等结构组合起来的支护形式，其特点是可以提高围岩的自承能力。喷射混凝土是利用高压空气将掺有速凝剂的混凝土混合料通过混凝土喷射机与高压水混合喷射到岩壁上迅速凝结而成的。当岩壁不够稳定时，可加设锚杆、金属网和钢架，构成锚喷式衬砌，也称为喷锚衬砌，如图8-5所示。可以根据不同围岩的稳定状况，采用锚喷支护中的一种或几种结构的组合。

图8-4 预制拼装式衬砌管片　　　　图8-5 锚喷衬砌

（4）复合式衬砌

复合式衬砌是用两层衬砌组合而成的，其靠近岩壁一侧的是锚喷衬砌，洞内一侧的是整体式模筑混凝土衬砌，在地下水发育的底层中，可以在两层衬砌之间夹一层防水隔离层用于防水，如图 8-6 所示。其特点是既有整体式模筑衬砌表面光滑、美观、抗渗性强的特点，又有锚喷衬砌能提高围岩自承能力的特点，而且有防水效果好的优点。

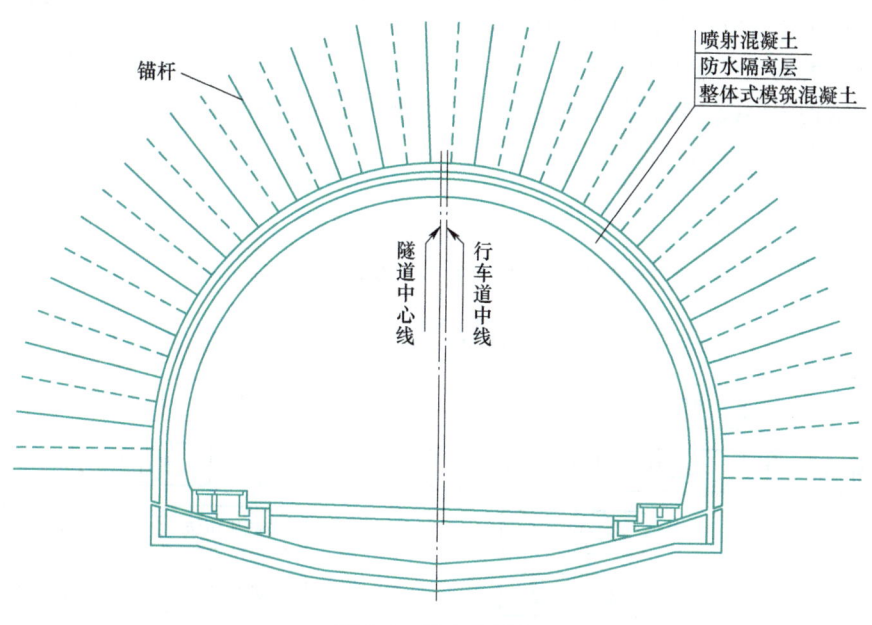

图 8-6　复合式衬砌

2. 洞门

洞门指的是为保持洞口上方及两侧路堑边坡的稳定，在隧道洞口修建的墙式构筑物。它连系衬砌和路堑，是整个隧道结构的主要组成部分，也是隧道进出口的标志。

洞门的作用有：减少洞口土石方开挖量，起到挡土墙的作用；减小引线路堑的边坡高度，缩短正面仰坡的坡面长度，从而使边仰坡得以稳定；拦截、汇集、排除地表水，使地表水沿排水管道有序排离洞门，防止地表水沿洞门流入洞内；装饰，美化环境。

根据隧道洞口所处的地形、地质条件不同，隧道常用洞门形式主要有柱式（图 8-7a）、端墙式（图 8-7b）、翼墙式（图 8-7c）、斜交式、喇叭口式和环框式等。

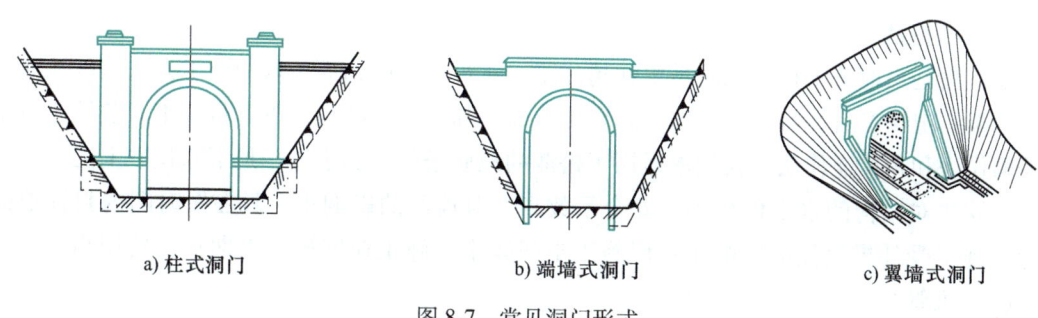

图 8-7　常见洞门形式

3. 明洞

明洞（图8-8）主要用于遭受坍方、落石、流石、流泥危害的隧道洞口或路堑地段，有时也作为整治路堑出现落石滑坡等病害的有效手段。明洞具有地面、地下建筑的双重特点，既可作为地面建筑用以抵御边坡、仰坡的坍方、落石、滑坡、泥石流等危害，又可作为地下建筑当在深路堑、浅埋地段不适宜暗挖隧道时，取代隧道。

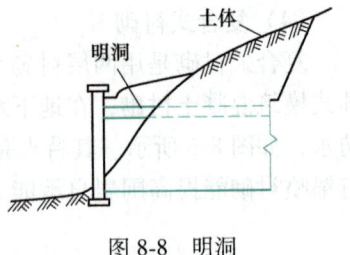

图 8-8　明洞

明洞结构类型，根据地形、地质、回填土状况而定。当顶部结构做成拱形，称为拱式明洞；若顶部结构为梁板，则称为棚式明洞；当陡崖或靠河一侧明洞边墙的基础无法设置时，可将顶部作为悬臂式结构做成悬臂式棚洞。

8.2.3　隧道施工方法

隧道施工方法分为明挖和暗挖两大类，如图8-9所示。

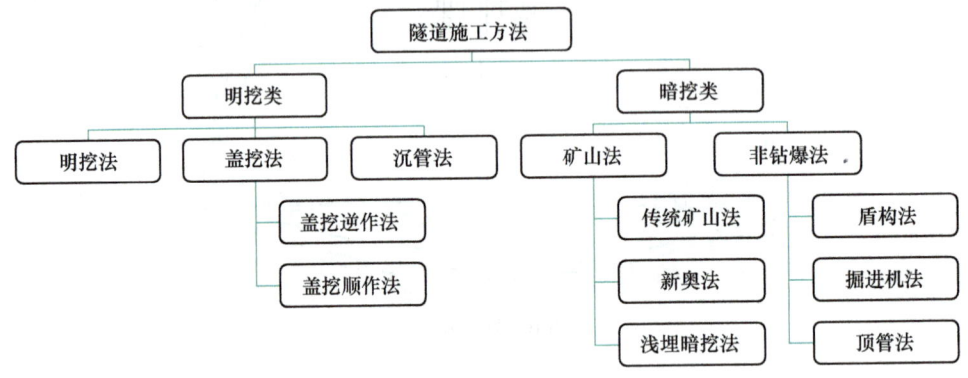

图 8-9　隧道施工方法

1. 明挖类

（1）明挖法

明挖法是先从地表向下开挖基坑或堑壕，直至设计标高后，自基底由下向上施工，完成地下工程主体结构后进行土方回填，最终完成地下工程施工。明挖法的优点是施工技术简单、快速、经济及主体结构受力条件较好等，但阻断交通时间较长，会产生噪声与震动。

（2）盖挖法

盖挖法是当地下工程施工时需要穿越公路、建筑等障碍物而采取的施工方法，由地面向下开挖至一定深度后，将顶部封闭，其余的下部工程在封闭的顶盖下进行施工。盖挖法包括盖挖顺作法和盖挖逆作法。盖挖法适用于松散的地质条件、隧道处于地下水位以上的地区。

盖挖法对结构的水平位移小，安全系数高，对地面的影响小，只在短时间内封锁地面交通，施工受外界气候的影响小；但施工空间较小，施工速度慢，工期长，费用高。

（3）沉管法

沉管法是预制管段沉放法的简称，它是在水底建造隧道的一种施工方法，现已成为水底隧道的主要施工方法。用这种方法建成的隧道称为沉管隧道，就是将若干个预制段分别浮运到海面（河面）现场，并一个接一个地沉放安装在已疏浚好的基槽内修建的水下隧道。

2. 暗挖类

（1）矿山法

1）传统矿山法。传统矿山法指的是用开挖地下坑道的作业方式修建隧道的施工方法。其基本原理是：隧道开挖后受爆破影响，使岩体破裂，处于松弛状态，随时都有可能坍落。基于这种松弛荷载理论依据，按分部顺序采取分割式开挖，并要求边挖边撑以保证安全，所以支撑复杂，木料耗用多，其施工流程如图 8-10 所示。

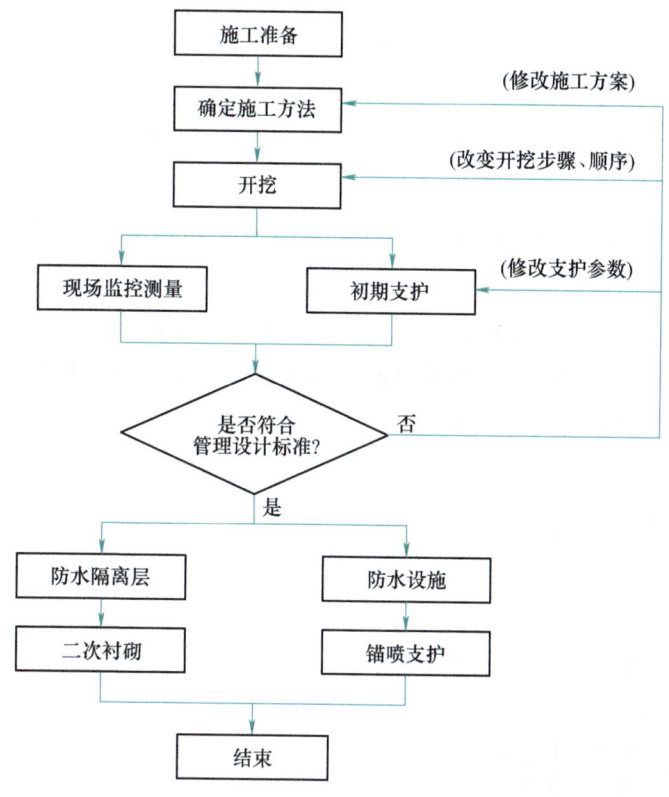

图 8-10 传统矿山法施工流程

2）新奥法。新奥法就是隧道开挖后，充分利用围岩的自承能力和开挖面的空间约束作用，以喷射混凝土、锚杆、钢丝网、钢支撑为主要支护手段，及时对围岩进行加固，约束围岩的松弛和变形，并通过对围岩和支护结构的监控、测量来指导地下工程的设计与施工。新奥法施工横断面示意如图 8-11 所示。

传统矿山法与新奥法的区别见表 8-1。

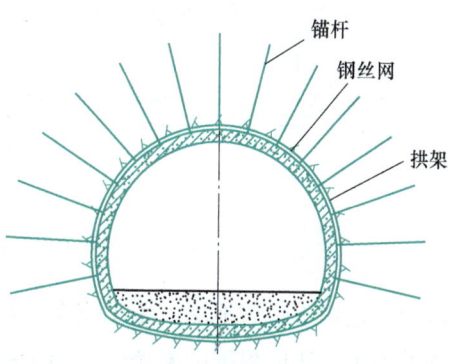

图 8-11 新奥法施工横断面示意

表 8-1　传统矿山法与新奥法的区别

类别		新奥法	传统矿山法
支护	临时支护	喷锚支护	木支撑为主、钢支撑
	永久支护	复合式衬砌	单层模筑混凝土衬砌
	闭合支护	强调	不强调
控制爆破		必须采用	可采用
量测		必须采用	无
施工方法		分块较少	分块较多

(2) 非钻爆法

非钻爆法是相对于钻爆法而言的一种方法，它不需要钻孔、装药、爆破开挖岩石。

盾构法是利用盾构机械在地中推进，通过盾构外壳和管片支承周围岩体防止发生隧道内的坍塌，同时在开挖面前方用切削装置进行土体开挖，将挖出的土体通过出土机械运出洞外，靠千斤顶在后部加压顶进，并拼装预制混凝土管片形成隧道结构的一种机械化施工方法。盾构法施工示意图如图 8-12 所示。

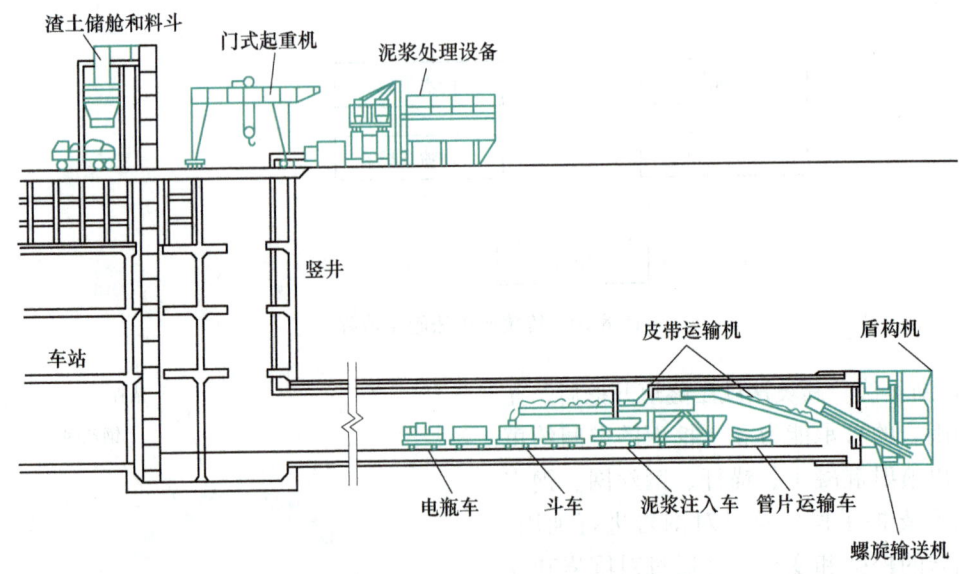

图 8-12　盾构法施工示意图

盾构法适用于松软地层，施工安全，对地层扰动小，控制围岩周边准确，极少超挖。

隧道施工方法应根据围岩条件、施工技术条件、隧道断面面积、埋深、工期以及环境条件等因素综合确定。表 8-2 为不同条件下适用的隧道施工方法。

单元 8　地下及隧道工程

表 8-2　不同条件下适用的隧道施工方法

序号	施工条件	隧道施工方法
1	浅埋及软土隧道施工	明挖法
2		盖挖法
3		浅埋暗挖法
4		盾构法
5	山岭隧道施工	矿山法
6		新奥法
7		掘进机法
8	水底隧道施工	盾构法
9		沉管法

思 考 题

1. 简述隧道工程的分类。
2. 简述隧道洞身衬砌的类型及其特点。
3. 简述地下工程的分类。
4. 通过查阅资料，简述目前隧道和地下工程施工的方法。

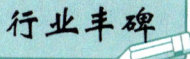

秦岭终南山公路隧道

秦岭终南山公路隧道（图 8-13），又称秦岭终南山隧道、终南山隧道，设计等级为高速公路，是中国第一条长双洞公路隧道，也是当时世界上双洞最长、技术标准最高、建设规模最大的高速公路隧道。秦岭终南山公路隧道是我国高速公路隧道示范工程和标志性工程，是国家公路网规划的西部大通道包头—西安—重庆—北海、银川—西安—武汉线上的特大控制性工程，是沟通黄河经济圈与长江经济圈的交通枢纽，也是陕西"三纵四横五辐射"公路

图 8-13　秦岭终南山公路隧道

土木工程概论

网西安至安康高速公路的重要组成部分。

秦岭经南山公路隧道工程北起西安市长安区五台乡，南抵商洛市柞水县营盘镇，进口位于西安市长安区五台乡青岔村石砭峪河右岸，高程为896m；出口位于柞水县营盘镇小峪街太峪河右岸，高程为1026m。洞内设人字形纵坡，最大纵坡坡度为1.1%，最大埋深为1640m。隧道单洞长18.02km，双洞共长36.04km，隧道按双向车道高速公路标准建设；隧道净宽10.5m，限高5m；设计车速80km/h，总投资31.93亿元。建设规模世界第一、中国公路隧道之最，仅次于挪威长24.51km的莱尔多公路隧道（单洞双向）。

2007年1月20日顺利通车的秦岭终南山公路隧道直穿秦岭山脉的终南山，使得西安至柞水段130km路程缩短到65km，在短短15min左右就可以轻松穿越秦岭。

秦岭终南山公路隧道具有国际领先的防灾救援系统、监控管理系统、运营服务系统。建设过程中，建设者不断克服断层、涌水、岩爆等施工中的难题和通风、火灾、监控等运营中的重大技术课题，使我国公路隧道建设技术达到了一个新的水平。

秦岭终南山公路隧道创造了当时我国高速公路隧道建设的六项之最：世界上最长的双洞高速公路隧道；第一座由我国自行设计、施工、监理、管理，综合水平最高的高速公路特长隧道；拥有世界上口径最大、深度最高的竖井通风工程；拥有世界上高速公路最完备的监控和防灾救援系统；拥有世界上最先进的高速公路隧道特殊灯光带；首次创造性提出策略管理理论，运用首套策略自动生成软件，对火灾、交通事故、养护等进行自动监测和管理。

秦岭终南山公路隧道的建成，对完善国家和陕西省公路网络结构，突破南北交通屏障，改善我国西北、西南交通运输，促进秦巴山区的社会经济发展和产业结构的升级，加强西北、西南、华北、华南经济文化联系，构建和谐社会，推动西部大开发战略的实施，加快实施黄河经济圈和长江经济圈政治、经济、金融、文化、技术交流具有重大的战略意义。同时，它对推动我国高速公路特长隧道建设也具有重要意义。

职业启示： 任何项目的施工，都会遇到各种难题，我们一定要不断思考，寻找解决的办法，重视技术创新。在秦岭终南山公路隧道施工时，建设者就是不断克服断层、涌水、岩爆等施工中的难题和通风、火灾、监控等运营中的重大技术课题，才使我国公路隧道建设技术达到了一个新的水平。

单元 9　给水排水工程

单元概述

给水排水工程包括给水排水管道工程、水处理工程、建筑给水排水工程、市政给水排水工程等内容。本单元针对建筑给水排水工程进行论述。

单元目标

知识目标：

（1）熟悉建筑给水排水系统的组成。

（2）掌握建筑给水排水方式。

（3）熟悉给水管材及相关附件，了解卫生器具、排水管材及相关附件。

（4）了解给水排水管道的布置与敷设方法。

素养目标：

（1）培养"诚信、负责、严谨、创新"的职业素养。

（2）培养吃苦耐劳、甘于奉献的精神和爱岗敬业的职业操守。

建筑给水工程是将城市市政给水管网中的水输送到建筑物内各个用水点上，并满足用户对水质、水量、水压要求的工程。

建筑排水工程是将生产废水和生活污水通过管道排入市政排水管网和废水处理站，经回收处理再利用的工程。

建筑给水排水与室外给水排水工程的关系如图9-1所示。

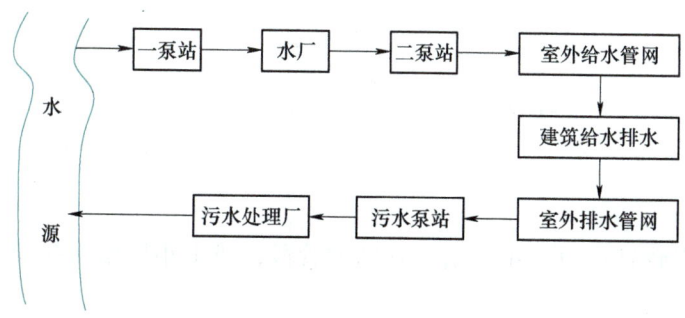

图9-1　建筑给水排水与室外给水排水工程的关系

9.1 建筑给水系统

建筑给水系统根据供水的用途不同，可以分为生活给水系统、生产给水系统、消防给水系统；此外，也可根据建筑性质及其对水量、水压、水质和水温的要求，结合室外给水系统情况，考虑技术、经济和安全条件设置两种或三种合并的给水系统，如生活和生产共用给水系统，生活、生产和消防共用给水系统。

9.1.1 建筑给水系统的构成

建筑给水系统一般由引入管、水表节点、管道系统、给水附件、升压和储水设备、给水局部处理设施、室内消防设备等构成，如图9-2所示。

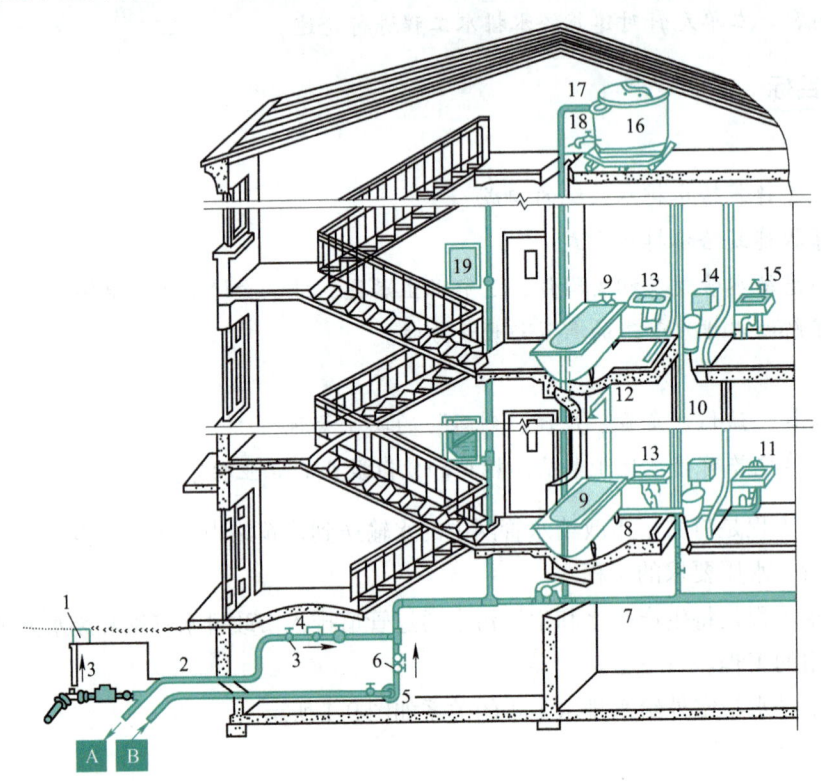

图 9-2 建筑给水系统

A—入贮水池　B—来自贮水池

1—阀门井　2—引入管　3—闸阀　4—水表　5—水泵　6—止回阀　7—干管　8—支管　9—浴盆　10—立管　11—水龙头　12—淋浴器　13—洗脸盆　14—大便器　15—洗涤盆　16—水箱　17—进水管　18—出水管　19—消火栓

（1）引入管

引入管是由市政管道引至小区给水管网的管段，或由小区给水接户管引入建筑物的管段。

（2）水表节点

水表节点安装在引入管或分户的支管上，包括水表、阀门、泄水装置，如图9-3所示。

水表用于计量建筑物的用水量，通常设置在建筑物的引入管、住宅和公寓建筑的分户配水支管、公用建筑物内需计量水量的水管上。阀门在检修和拆换水表时用于关闭管道。泄水装置主要用来放空管网、检测水表精度及测定进户点压力值。

（3）管道系统

管道系统是指建筑内部的各种管道，包括给水干管、给水立管、给水支管（图9-4），用于输送和分配用水。

① 给水干管：又称总干管，是将水从引入管输送至建筑物各区域的管段。

② 给水立管：是将水从干管沿垂直方向输送至各楼层、各不同标高处的管段。

③ 给水支管：又称分配管，是将水从立管输送至各房间内的管段。

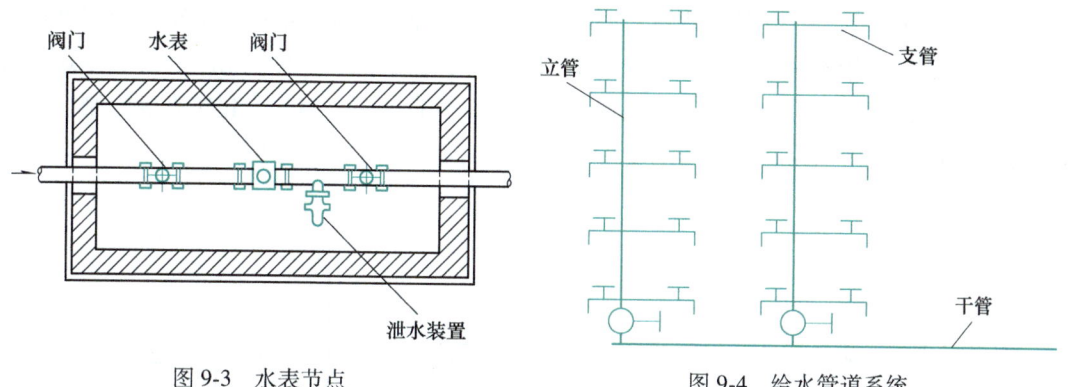

图9-3　水表节点　　　　　　　图9-4　给水管道系统

（4）给水附件

给水附件是指管道系统中用于调节水量水压、控制水流方向、切断水流，便于检修管道和设备的各类阀门及各式配水龙头、仪表等，包括控制附件和配水附件。

① 控制附件：调节水量、水压，控制水流方向、水位和保证设备仪表检修用的各式阀门。

② 配水附件：给水管道上分配水流量的配水龙头。

（5）升压和储水设备

为保证建筑物内部供水水压、水量或供水稳定性、安全性而设置的水泵、气压给水设备、水箱、水池等设备。

（6）给水局部处理设施

当建筑物水源水质达不到使用要求时，需设置局部给水处理设备，包括沉淀、过滤、软化、消毒设备等。

（7）室内消防设备

室内消防设备是按建筑防火要求设置的消防给水专用设施，如室内消火栓、喷头、消防控制阀、信号阀、水流指示器、稳压装置等。

9.1.2　给水方式

1. 建筑给水方式

建筑给水方式主要有以下几种。

(1) 直接给水方式

建筑物内部只设有给水系统，不设增压及贮水设备，室内给水系统与室外供水管网直接相连，利用室外供水管网压力直接向室内给水系统供水。这是最为简单、经济的给水方式，如图 9-5 所示。这种方式系统简单，投资省，充分利用外网水压供水。但外网停水，室内立即断水。

(2) 单设水箱的给水方式

当室外供水管网的水压周期性变化大时，一天内大部分时间，室外供水管网水压、水量能满足室内用水要求；只有在用水高峰时，由于用水量过大，外网水压下降，短时间不能保证满足建筑物上层用水要求，这时可采用单设水箱的给水方式，如图 9-6 所示。这样，当室外供水管网水压过剩时（建筑用水量小时），室外给水管网直接将水输入水箱；当室外供水管网水压不足时（用水高峰时），水箱出水，达到调节水压、水量的作用。该给水方式系统简单，投资少，可以充分利用室外供水管网的压力，节省能源，但它受建筑高度限制，且水箱容量、高度设置不当易造成水质二度污染，不适用于日用水量较大的建筑。

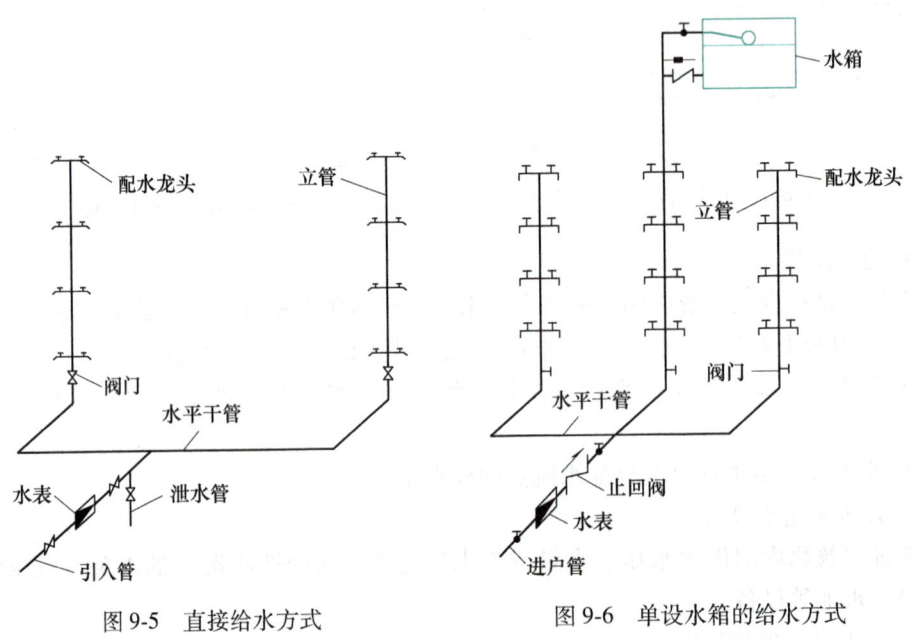

图 9-5　直接给水方式　　　　图 9-6　单设水箱的给水方式

(3) 单设水泵的给水方式

当一天内大部分时间室外供水管网的水压满足不了建筑内部给水管网所需的水压，而且建筑物内部用水量较大又较均匀时，可采用单设水泵增压的给水方式，如图 9-7 所示。工业企业、生产车间常采用这种方式，根据生产用水的水量和水压，选用合适的水泵加压给水。对于一些用水量比较大的民用建筑或对建筑立面以及建筑外观要求比较高的建筑，不便在上部设置水箱，可采用单设水泵的给水方式。

(4) 设置水池、水泵和水箱的给水方式

当室外供水管网水压经常性不足，且不允许直接抽水，或室外供水管网不能保证高峰用水，而建筑物用水量较大，或要求贮备一定容积的消防水量时，采用设置水池、水泵和水箱的给水方式，如图9-8所示。这种给水方式的优点是：水池和水箱可以贮备一定的水量，停水、停电时可延时供水且供水可靠、水压稳定。缺点是：不能利用室外供水管网压力，日常运行的能源消耗大，水泵噪声大，安装、维护较麻烦，运行费用较高，水池占地，水池防污染、防渗漏要求高。

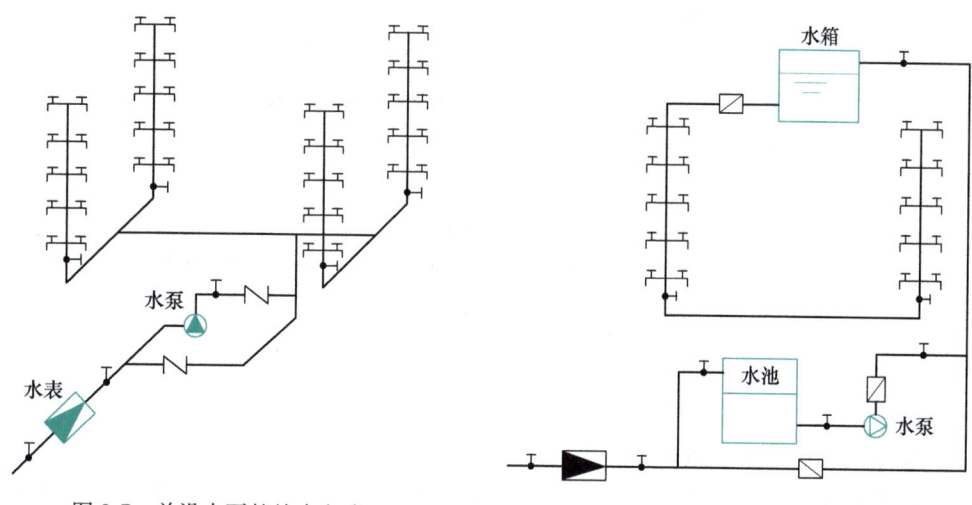

图9-7　单设水泵的给水方式　　　　图9-8　设置水池、水泵和水箱的给水方式

（5）气压给水方式

室外供水管网提供压力经常性不足，不宜设置高位水箱的建筑，采用气压给水方式。该方式用水泵加压，利用气压罐气压的变化调节流量和控制水泵运行，如图9-9所示。

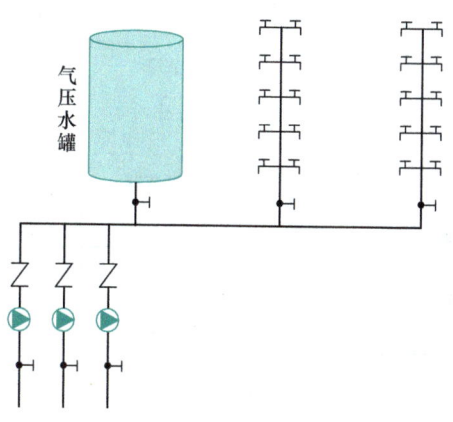

图9-9　气压给水方式

（6）分区给水方式

在多层建筑物中，当室外供水管网的压力只能满足建筑物下面几层供水要求时，为了充分利用室外供水管网水压，可将建筑物给水系统划分为上、下两区。低区设置成由室外供水管网直接供水，高区由增压贮水设备供水，如图9-10所示。为保证供水的可靠性，可将低区与高区的一根或几根立管相连接，在分区处设置阀门，以备低区进水管发生故障或室外供水管网水压不足时，打开阀门由高区向低区供水。该方式可充分利用室外供水管网压力，供

水安全，但系统复杂、投资大，维护不易。

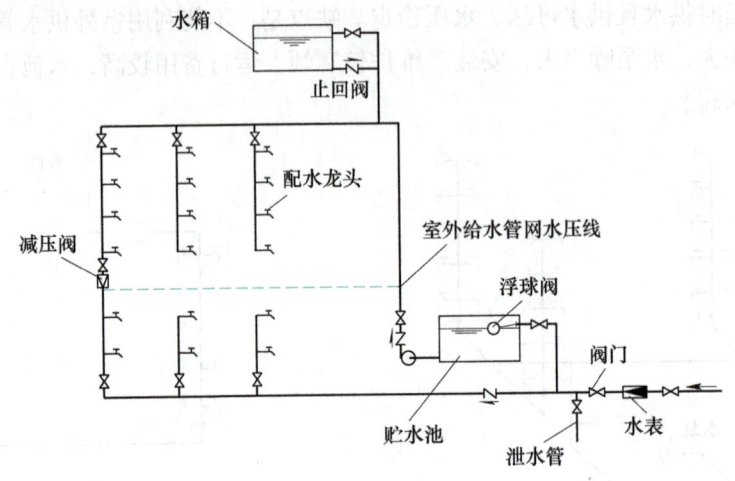

图 9-10　分区给水方式

（7）设变频调速给水装置的给水方式

当室外供水管网水压经常不足，建筑内用水量较大且不均匀，要求可靠性高、水压恒定时，或者建筑物顶部不宜设高位水箱时，可以采用变频调速给水装置进行给水，如图 9-11 所示。调速水泵可以根据建筑物水量、水压要求的变化调节转速。

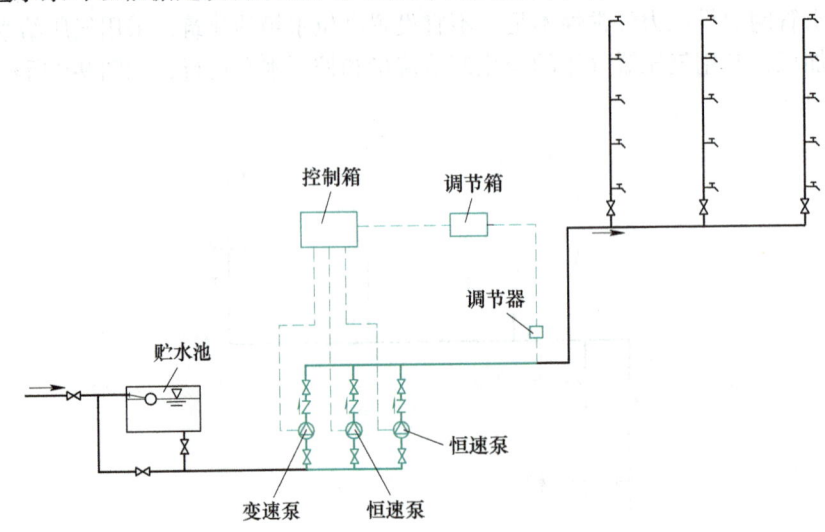

图 9-11　设变频调速给水装置的给水方式

2. 室内给水管网的布置方式

设计室内给水管网系统时，应根据建筑物性质、标准、结构、用水要求、用户位置等情况合理布置。给水系统根据其水平干管在建筑物内敷设的位置不同可分为下行上给式、上行下给式、环状式。

（1）下行上给式

这种给水方式的水平干管可以敷设在地下室顶板下、专门的地沟内或在底层直接埋地敷设,自下向上供水。民用建筑、公共建筑和工业建筑,直接由室外供水管网供水时,大都采用下行上给式,如图 9-12 所示。

(2) 上行下给式

这种给水方式的水平干管敷设于顶层天花板下、平屋顶上或者吊顶中,自上向下供水,如图 9-13 所示。一般在有屋顶水箱给水或下行布置有困难时,采用这种方式。其缺点是在寒冷地区干管容易冻结,必须保温;干管发生损坏漏水时,会损坏墙面和室内装修,维修困难,施工质量要求较高。因此没有特殊要求和敷设管道不困难时,不宜采用这种给水方式。

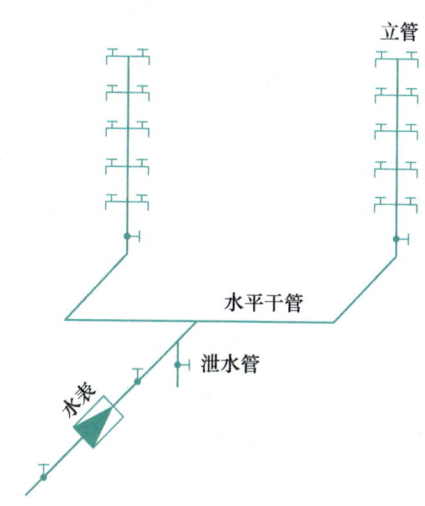

图 9-12 下行上给式

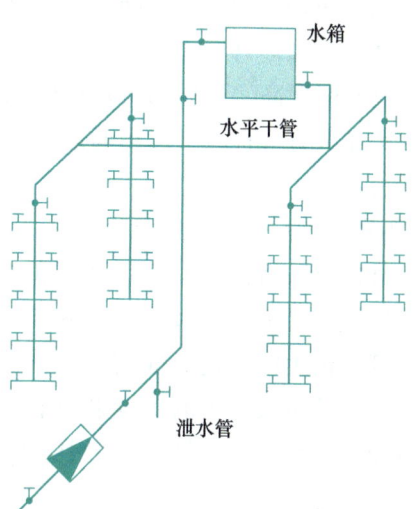

图 9-13 上行下给式

(3) 环状式

水平配水干管或配水立管互相连接,组成水平及竖向环状管网,如图 9-14 所示。当有两个引入管时,也可将两个引入管通过配水立管和水平配水干管相连通,组成贯穿环状。大型公共建筑、高层建筑和某些在任何时间都不得间断供水的车间采用此方式,但管网造价较高。

9.1.3 给水管材与附件

1. 给水管材

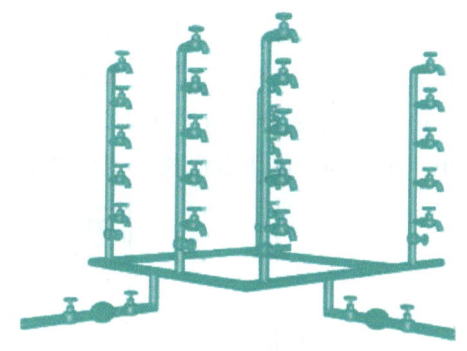

图 9-14 环状式

建筑给水管材种类繁多,根据材质不同可分为金属管、塑料管及复合管三种。其中聚乙烯管、聚丙烯管、铝塑复合管广泛应用于目前建筑给水排水中,还有一些新型管材,如球墨铸铁管、石棉水泥管、预应力钢筋混凝土管、玻璃纤维复合管等。

(1) 金属管

金属管包括钢管、铜管、铸铁管、薄壁不锈钢管等,如图 9-15 所示,给水排水工程中常用钢管和铸铁管。

1）钢管。目前，建筑给水系统使用的钢管有两种：一种是无缝钢管，另一种是焊接钢管。无缝钢管由优质碳素钢或合金钢制成；焊接钢管由卷成管形的钢板以对缝或螺旋缝焊接而成。焊接钢管分为镀锌钢管和非镀锌钢管，镀锌钢管主要用于管径小于或等于150mm的消防管道和生产给水管道；非镀锌钢管主要用于消防管道和生产给水管道。按钢管的壁厚不同，钢管可分为薄壁管、普通管和加厚管。

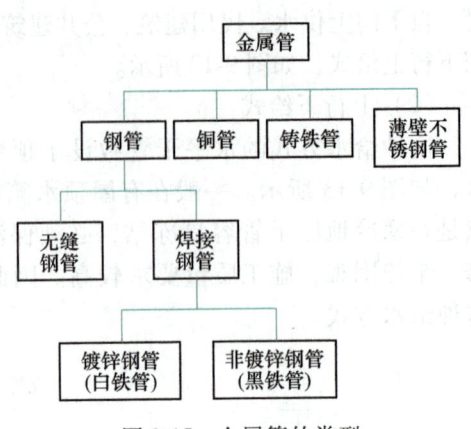

图9-15 金属管的类型

钢管具有强度高、耐振动、重量较轻、管壁光滑、水力条件好等优点，但耐腐蚀性差，易锈蚀，造价较高。

2）不锈钢管。不锈钢管具有机械强度高、坚固、韧性好、耐腐蚀性好、热膨胀系数低、卫生性能好、可回收利用、外形美观、安装维护方便、经久耐用等优点，适用于建筑给水，特别是管道直饮水及热水系统。

铸铁管是由生铁铸造而成的生铁管，具有耐腐蚀、接桩方便、寿命长、价格低等优点，但性脆、质量大、不耐振动和弯转、工作压力较小、接口易漏水、易出现水管断裂和爆管现象，在城市给水管道工程中应用广泛，常用于埋地给水管道。

（2）塑料管

塑料管耐腐蚀，不受酸、碱、盐和油类等介质的侵蚀，质轻而坚，管壁光滑，水利性能好，容易切割，加工安装方便，但强度低，耐久、耐热性能（三丙聚丙烯管、交联聚乙烯管除外）较差，一般用于温度在45℃以下的建筑物内外的给水；高层建筑给水立管不宜采用塑料管。建筑生活给水常用的塑料管类型如图9-16所示。

1）硬聚氯乙烯管（PVC-U）。给水用硬聚氯乙烯管（图9-17）机械性能好、流动阻力小、耐腐蚀、使用寿命长、卫生性能良好、重量轻、装运方便、安装简便。

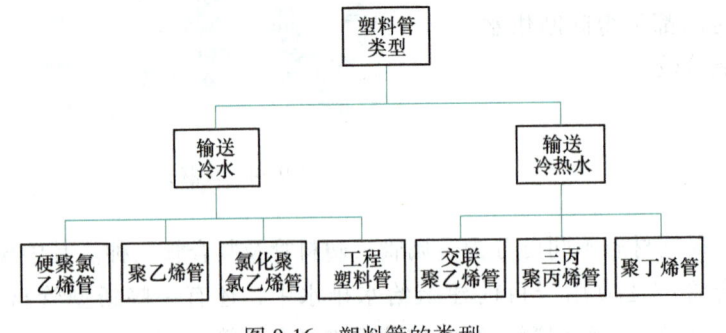

图9-16 塑料管的类型

图9-17 硬聚氯乙烯管

2）聚乙烯管（PE）。如图9-18所示，聚乙烯管适用于温度不超过40℃、一般用途的压力输水，以及饮用水的输送，在建筑给水中应用广泛。其重量轻、韧性好、耐腐蚀、可盘绕、耐低温性能好、运输及施工方便，具有良好的柔性和抗蠕变性能。

图 9-18　聚乙烯管

3）氯化聚氯乙烯管（PVC-C）。氯化聚氯乙烯管具有抗紫外线、耐老化、耐腐蚀、较高的冲击强度和韧性等特点，如图 9-19 所示。

图 9-19　氯化聚氯乙烯管（PVC-C）

4）三丙聚丙烯管（PP-R）。三丙聚丙烯管强度高、韧性好、无毒、温度适用范围广（5～95℃）、耐腐蚀、抗老化、保温效果好、不结垢、沿程阻力小、施工安装方便，如图 9-20 所示。

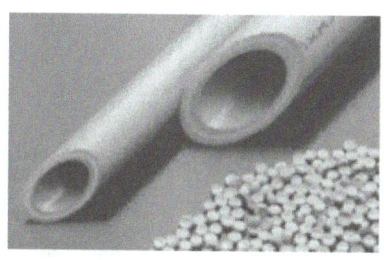

图 9-20　三丙聚丙烯管

(3) 复合管

在室内给水工程中，复合管的主要类型有钢塑复合管和铝塑复合管，如图 9-21 所示。

1）钢塑复合管。钢塑复合管是在钢管内壁衬（涂）一定厚度的塑料层复合而成的。依据复合管基材不同，钢塑复合管可分为衬塑复合管和涂塑复合管两种。衬塑复合管是在传统的输水钢管内插入一根薄壁的聚氯乙烯管，使二者紧密结合；涂塑复合管是以普通碳素钢管为

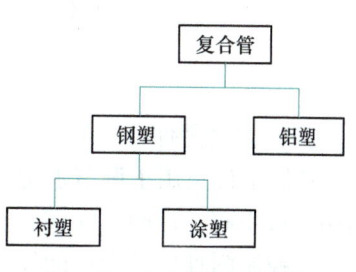

图 9-21　复合管材的类型

基材,将高分子聚乙烯粉末融熔后均匀地涂敷在钢管内壁,经塑化后,形成光滑、致密的塑料涂层。

钢塑复合管兼备了金属管材强度高、耐高压、能承受较强的外来冲击力和塑料管材耐腐蚀、不结垢、导热系数低、流体阻力小等优点。

2）铝塑复合管。铝塑复合管是通过挤出成型工艺而制造出的新型复合管材。

（4）给水管材的选用

选用给水管材时,首先应了解各类管材的特性指标,如耐温耐压能力、线性膨胀系数、抗冲击能力、热传导系数、保温性能、管径范围、卫生性能等,然后根据建筑装饰标准、输送水的温度及水质要求、使用场合、敷设方式等进行技术经济比较后确定。需要遵循的原则是：安全可靠、卫生环保、经济合理、水力条件好、便于施工维护。

埋地给水管道采用的管材应具有耐腐蚀和能承受相应地面荷载的能力,可采用塑料给水管、有衬里的铸铁给水管、经可靠防腐处理的钢管。室内给水管道应选用耐腐蚀和安装连接方便可靠的管材,可采用塑料给水管、塑料和金属复合管、铜管、不锈钢管及经可靠防腐处理的钢管。

2. 给水附件

给水附件是安装在管道及设备上的具有启闭或调节功能、保障系统正常运行的装置,分为配水附件、控制附件两类。

（1）配水附件

给水附件中的配水附件多指水龙头,其主要作用是调节水流大小。水龙头根据人们需求的不同而多种多样,类型齐全,例如螺旋式水龙头、陶瓷芯片水龙头、延时自闭水龙头、混合水龙头、自动控制水龙头等,如图9-22所示。

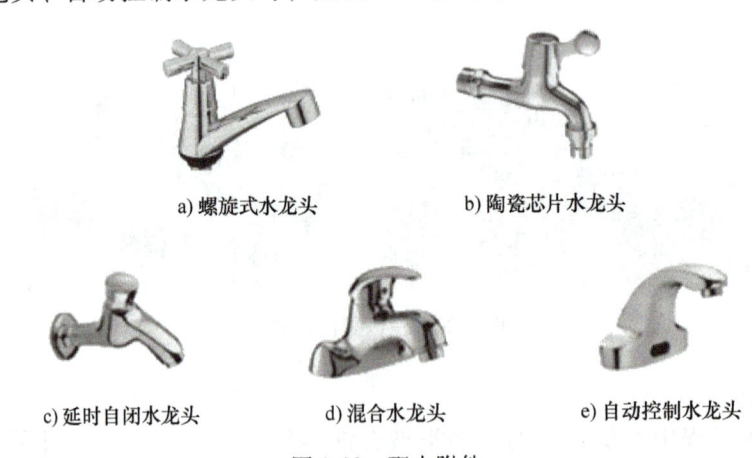

a) 螺旋式水龙头　　b) 陶瓷芯片水龙头

c) 延时自闭水龙头　　d) 混合水龙头　　e) 自动控制水龙头

图9-22　配水附件

（2）控制附件

控制附件是用于调节水量、水压,关断水流,控制水流方向、水位的各式阀门,包括闸阀、截止阀、球阀、蝶阀、止回阀、浮球阀、减压阀、泄压阀、安全阀等,如图9-23所示。控制附件应符合性能稳定、操作方便、便于自动控制、精度高等要求。

室内给水管道上的各种阀门,宜装设在便于检修和操作的位置。

图 9-23 控制附件

9.1.4 给水管道的布置与敷设

1. 管道布置

给水管道的布置受建筑结构、用水要求、配水点和室外给水管道的位置,以及供暖、通风、空调和供电等其他建筑设备工程管线布置等因素的影响。进行管道布置时,不但要处理和协调好各种相关因素的关系,还应满足以下条件。

(1)确保供水安全和良好的水力条件

管道尽可能与墙、梁、柱平行,呈直线走向,力求管路简短,以减少工程量,降低造价;但不能有碍于生活、工作和通行。一般可设置在管井、吊顶内或墙角边。干管应布置在用水量大或不允许间断供水的配水点附近,既利于供水安全,又可减少流程中不合理的转输流量,节省管材。

室内给水管网可布置成枝状管网,单向供水。不允许间断供水的建筑和设备,管网应从室外环状管网不同管段引入,设 2 条或 2 条以上引入管,在室内将管道连成环状或贯通状双向供水,如图 9-24 所示。

(2)保护管道不受损坏、安全供水和方便使用

给水管道不宜穿越变形缝;如必须穿越,则应设置补偿管道伸缩和剪切变形的装置。常用的措施有:软性接头法,即用橡胶软管或金属波纹管连接沉降缝两端的管道;丝扣弯头法,在建筑沉降过程中,两边的沉降差由丝扣弯头的旋转来补偿,仅适用于小管径的管道,如图 9-25 所示;活动支架法,在沉降缝两侧设支架,使管道只能在垂直方向位移,不能水平横向位移,以适应沉降、伸缩的应力,如图 9-26 所示。

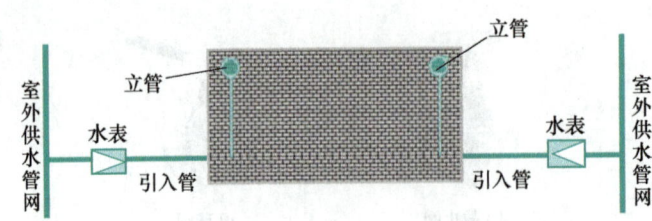

图 9-24　引入管从建筑物不同侧引入室内管道呈贯通状布置

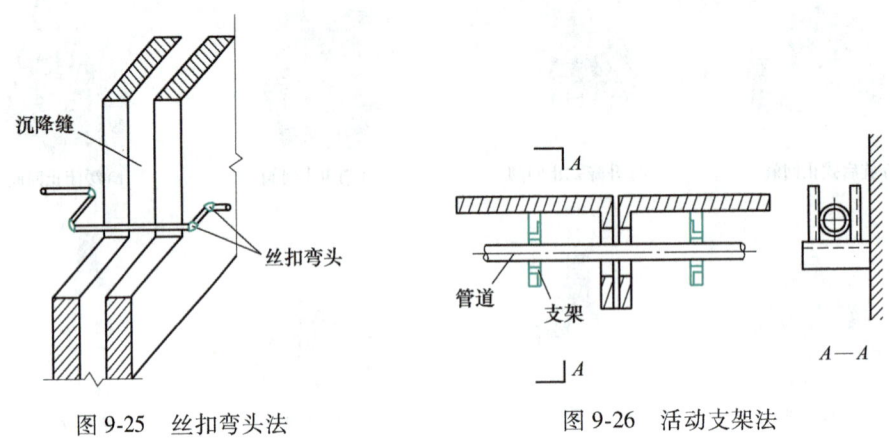

图 9-25　丝扣弯头法　　　　　图 9-26　活动支架法

（3）不影响生产安全和建筑物的使用

给水管道不得布置在建筑物的下列房间或部位。

① 不得穿越变配电间、电梯机房、通信机房、大中型计算机房、计算机网络中心、有屏蔽要求的 X 光、CT 室、档案室、书库、音像库房等遇水会损坏设备和引发事故的房间；一般不宜穿越卧室、书房及贮藏间。

② 不得布置在遇水能引起爆炸、燃烧或损坏的原料、产品和设备上面，并避免在生产设备的上方通过。

③ 不得敷设在烟道、风道、电梯井、排水沟内，不得穿过大、小便槽。

④ 不宜穿越橱窗、壁柜；如不可避免时，应采取隔离和防护措施。

（4）便于安装维修

布置管道时其周围要留有一定的空间，以满足安装、维修的要求。给水管道与其他管道和建筑结构的最小净距见表 9-1。

表 9-1　给水管道与其他管道和建筑结构之间的最小净距

给水管道名称		与室内墙面净距/mm	与地沟壁和其他管道净距/mm	与梁、柱、设备净距/mm	与排水管净距		备注
					水平净距/mm	垂直净距/mm	
引入管					≥1000	≥150	在排水管上方
横干管		≥100	≥100	≥50（无焊缝）	≥500	≥150	在排水管上方
立管	管径<32mm	≥25					
	管径=32～50mm	≥35					
	管径=75～100mm	≥50					
	管径=125～150mm	≥60					

2. 管道敷设

（1）敷设方式

根据建筑对卫生、美观方面的要求不同，建筑给水管道敷设分为明设和暗设两类。

1）明设。明设指管道暴露敷设，其优点是安装、维修方便，造价低。缺点是外露的管道影响美观，管道表面易结露、积灰。对卫生、美观没有特殊要求的民用及工业建筑，管道一般采用明设方式。在室外明设的给水管道，应避免受阳光直接照射。

2）暗设。暗设指管道隐蔽敷设，如将管道敷设在管井、管槽、管沟、技术层及吊顶内。高层建筑供水设备的管道暗设时，优点是建筑内整洁美观、卫生条件好；缺点是施工复杂、维修困难、造价高。暗设适用于对美观、卫生要求较高的建筑，如宾馆、高级公寓和要求无尘、洁净的车间、实验室等。塑料给水管道在室内宜暗设。

（2）敷设要求

给水管道的敷设必须满足相关规范要求。

给水管道的引入管引入建筑内有两种情况：一种是引入管从建筑物的浅基础下面通过时，应有混凝土基础固定管道，如图 9-27a 所示；另一种是引入管穿过外墙基础或穿过外墙壁引入室内，穿过地下墙壁的部分应预留孔洞，有严格防水要求的管道应采用柔性防水套管连接。管道穿过孔洞安装好以后，用水泥砂浆封口，如图 9-27b 所示。

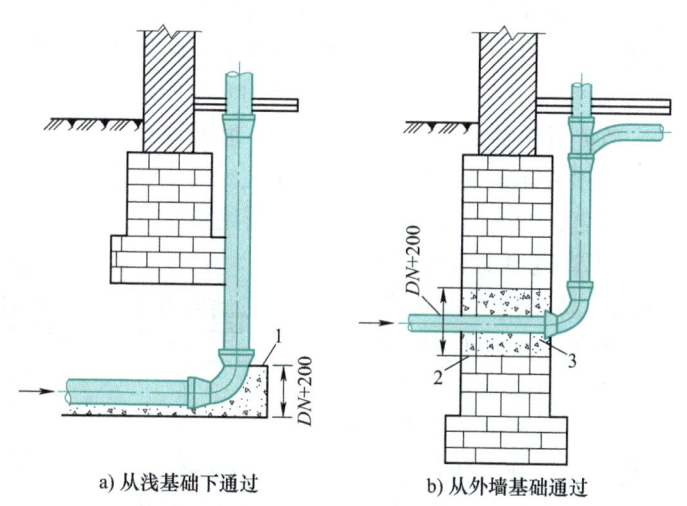

a）从浅基础下通过　　b）从外墙基础通过

图 9-27　给水引入管引入建筑物的两种情况

1—混凝土支座　2—黏土　3—M5 水泥砂浆封口

管道在空间敷设时，必须采取固定措施，以保证施工方便与安全供水。固定管道常用管卡、托架或吊环，如图 9-28 所示。

钢管水平安装的支、吊架间距不应大于表 9-2 的规定。

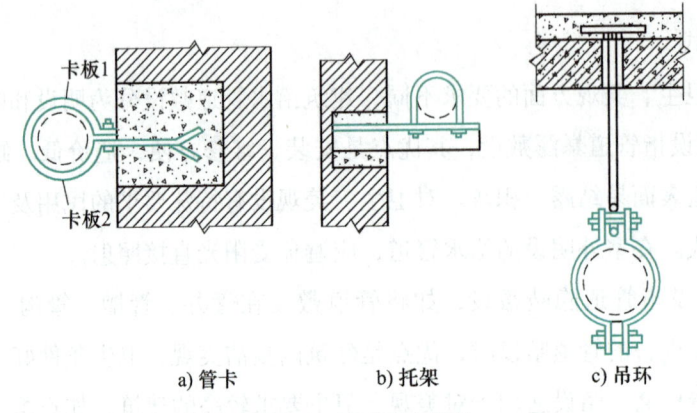

a) 管卡　　　b) 托架　　　c) 吊环

图 9-28　管道固定措施

表 9-2　钢管水平安装的支、吊架最大间距

公称直径/mm	15	20	25	32	40	50	70	80	100	125	150	200	250	300
保温管	2	2.5	2.5	2.5	3	3	4	4	4.5	6	7	7	8	8.5
不保温管	2.5	3	3.25	4	4.5	5	6	6	6.5	7	8	9.5	11	12

（3）管道防护

① 防腐：当给水管道及配件设在含有腐蚀性气体的房间内时，应采用耐腐蚀管材或在管外壁采取防腐措施。例如金属管道，其外壁容易氧化锈蚀，管道除锈后，需要在外壁涂刷防腐涂料进行防腐处理；铸铁管及大口径钢管内可采用水泥砂浆衬里防腐。

② 防冻、防结露：当管道及配件设置在温度低于0℃的环境时，应当采取防冻措施，可在管道外包岩棉管壳，管壳外再做保护层，如缠塑料、缠玻璃布、刷调和漆等。

给水管道如敷设在吊顶或建筑物其他部位，则在气候炎热、湿度较大的季节会结露，引起装饰层或者物品等受损害，此时给水管道应做防结露绝热层。

③ 防振、防噪声：当管道中水流速度过大时，启闭水嘴、阀门，易出现水击现象，引起管道附件的振动，不但会损坏管道附件造成漏水，还会产生噪声。为防止管道的损坏和噪声的影响，设计给水系统时应控制管道的水流速度，在系统中尽量减少使用电磁阀或速闭型水栓。住宅建筑进户管的阀门后（沿水流方向），宜装设家用可曲挠橡胶接头进行隔振，如图 9-29 所示，也可在管道支架、吊架内衬垫减振材料，以减少噪声的扩散，如图 9-30 所示。

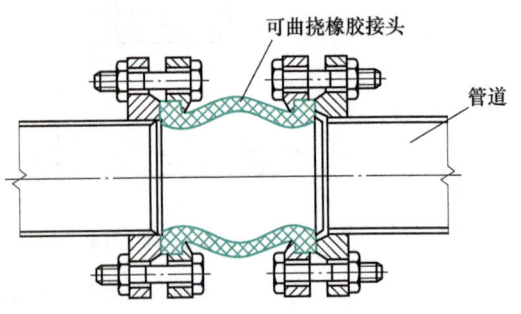

图 9-29　可曲挠橡胶接头

④ 防漏：管道质量不合格或者管道布置和敷设施工质量低劣，都有可能导致管道漏水，应采取防漏措施。首先加强管材质量和施工质量的检查监督，其次避免将管道布置在易受外力损坏的位置，或采取必要且有效的保护措施，避免使其直接承受外力。

单元 9 给水排水工程

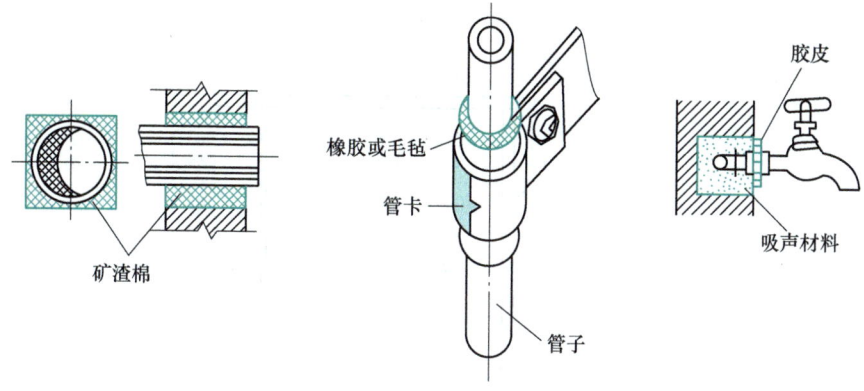

图 9-30 管道防噪声装置

9.2 建筑排水系统

建筑排水系统的任务是将建筑物内用水设备、卫生器具和车间生产设备产生的污废水，以及屋面上的雨雪水加以收集后，通过室内排水管道及时顺畅地排至室外排水管网中去。

建筑排水系统根据所排污废水的性质不同，可分为生活污水排水系统、工业污（废）水排水系统和屋面雨水排水系统。

9.2.1 建筑排水系统的体制

生活污水、工业废水和雨水是采取合用管渠排除方式，还是独立管渠排除方式，是排水系统设计的关键，它会影响环境保护、投资、维护管理等方面。

排水方式有污废合流制排水和污废分流制排水两种。采用何种形式应根据水质情况以及地方的不同要求并经过技术经济比较后确定。

1. 污废合流制

污废合流排水系统指生活污废水、工业生产污废水在建筑物内合流后再排放的排水系统。该系统简单、造价较低。

2. 污废分流制

污废分流排水系统指生活污废水或工业生产污废水分别设置管道系统排放出建筑物的排水系统。该系统有利于污废水的分别处理和再利用。

9.2.2 建筑排水系统的构成

建筑排水系统一般由卫生器具或生产设备的受水器、排水管道、提升设备、清通设备、污水局部处理构筑物及通气系统构成，如图 9-31 所示。

（1）卫生器具

卫生器具是建筑物内部排水系统的起点，用来收集和排除人们在生活、生产中产生的污废水。卫生器具按作用不同分为便溺用卫生器具、盥洗沐浴用卫生器具、洗涤用卫生器具、冲洗设备，如图 9-32 所示。

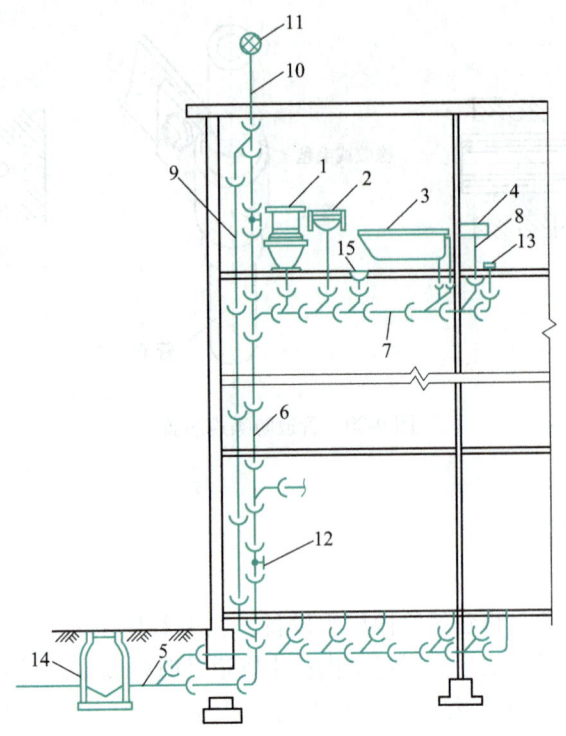

图 9-31 建筑排水系统的组成

1—坐便器　2—洗脸盆　3—浴盆　4—厨房洗涤盆　5—排水出户管　6—排水立管
7—排水横支管　8—器具排水管（含存水弯）　9—专用通气管　10—伸顶通气管
11—通气管铅丝网罩　12—检查口　13—清扫口　14—排水检查井　15—地漏

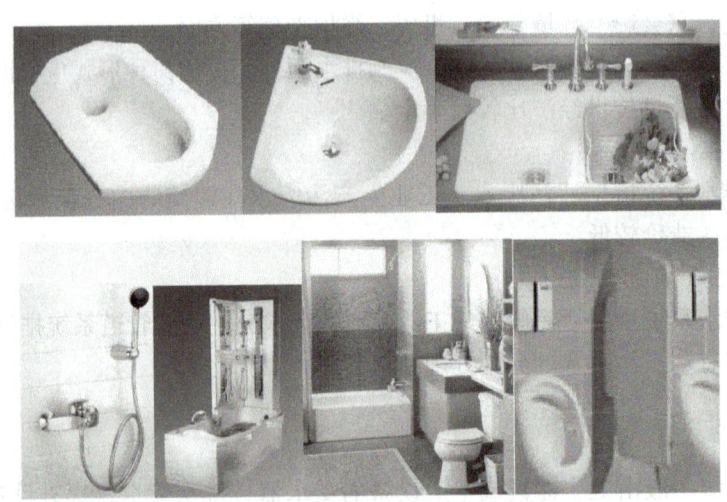

图 9-32 卫生器具

（2）排水管道

排水管道包括卫生器具排水管、横支管、立管、埋地干管和排出管，用于将污废水及时、迅速地输送到室外。

(3) 提升设备

当地下建筑物污废水不能自流排到室外的检查井时,需设置提升设备,如通过水泵提升排水的高程或使排水加压输送。

(4) 清通设备

清通设备包括设在立管或室内较长横干管上的检查口以及横支管顶端的清扫口。其作用是疏通排水管道,保障排水畅通。

(5) 污水局部处理构筑物

当建筑内部污水未经处理不允许直接排入市政排水管网或水体时,需设置污水局部处理构筑物,例如处理民用建筑生活污水的化粪池、降低锅炉排水水温的降温池、去除含油污水的隔油池,以及医院污水处理构筑物等。

9.2.3 排水管材、排水管道附件、通气系统与检查井

1. 建筑排水管材

建筑排水管材主要有排水铸铁管(图 9-33)、塑料管(图 9-34)、钢管、混凝土管等。排水管材的选用,要综合考虑建筑物的高度、设置场所、管道连接方式、排水噪声、抗震要求、防火要求及管材耐燃性,结合施工安装、当地采购条件及技术经济方面来确定。

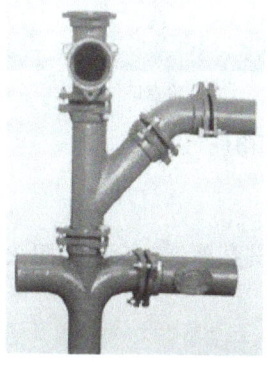

图 9-33 排水铸铁管

图 9-34 塑料管

2. 建筑排水管道附件

常用建筑排水管道附件包括存水弯、地漏、检查口与清扫口、阻火装置等。

(1) 存水弯

存水弯(图 9-35a)的作用是在其内部形成一定高度的水柱,阻止排水管道内的污染气体进入室内。存水弯有 S 型存水弯、P 型存水弯、瓶形存水弯、带通气装置存水弯、存水盒等形式。

(2) 地漏

地漏(图 9-35b)的作用是排除地面积水。盥洗室、卫生间及其他需经常从地面排水的房间应设地漏。地漏类型多种多样,各类地漏的使用条件或适用场所见表 9-3。

表 9-3　各类地漏的使用条件或适用场所

序号	地漏类型	使用条件或适用场所
1	直通式地漏	用于地面和洗衣机排水，下部需设置存水弯
2	带水封地漏	地漏自带水封，下部不需设置存水弯
3	直埋式地漏	器具排水管及地漏预埋在下层楼面的填层内
4	防溢地漏	可能造成溢水的房间内
5	密闭地漏	医院手术室、洁净厂房、制药厂
6	带网管地漏	公共厨房、浴室等有厨余垃圾、细碎毛发等废物的场所
7	多通道地漏	地面、洗衣机、1~2 个卫生器具排水
8	防爆地漏	人防地下室消洗间、排风竖井、扩散室

（3）检查口与清扫口

检查口（图 9-35c）是带有可开启检查盖的配件，装设在排水立管上，做检查和清通之用；清扫口（图 9-35d）是装设在排水横管上用于清通排水管的配件。

   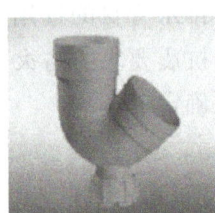

a) 存水弯　　　　b) 地漏　　　　c) 检查口　　　　d) 清扫口

图 9-35　排水管道附件

（4）阻火装置

高层建筑中，为防止塑料管高温熔化引起火灾贯穿蔓延，会采用阻火圈或防火套管等阻火装置。

3. 通气系统

通气系统使排水管道系统内空气流通，压力稳定，避免因管内压力波动使有毒有害气体进入室内。通气管（图 9-36a）的类型包括伸顶通气管、环形通气管、器具通气管、专用通气立管等。排水立管顶端应设伸顶通气管，其顶端应装设通气帽（图 9-36b）或网罩，避免杂物落入排水立管。通气管不得与建筑内的风道、烟道连接。

a) 通气管　　　　b) 通气帽

图 9-36　通气管、通气帽

4. 检查井

检查井（图 9-37）的作用是清通室外埋地排水管道，由井基、井身、井盖座、井盖及井内流槽构成。检查井按照井身形状不同可分为圆形检查井、矩形检查井；按照排水对象不同可分为污水检查井、雨水检查井。

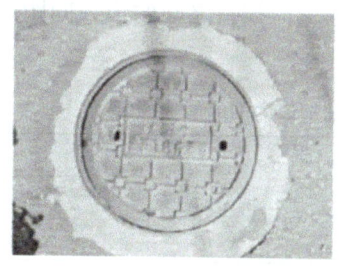

图 9-37　检查井

9.2.4　排水管道的布置与敷设

1. 管道布置

排水管道布置需满足以下基本原则。

1) 排水畅通，水利条件好。
2) 不影响、妨碍房屋的使用和设备的正常运行。
3) 便于安装和维护管理。
4) 满足经济和美观的要求。
5) 占地面积小，总管线短，工程造价低。

2. 管道敷设

（1）排水横支管敷设

排水横支管不宜太长，尽量少转弯，一根支管连接的卫生器具不宜太多。横支管不得穿过变形缝、烟道、风道；当必须穿过变形缝时，应采取相应技术措施；不得穿过有特殊卫生要求的生产厂房、食品及贵重商品仓库、通风小室、电气机房和电梯机房。横支管不得布置在遇水易引起燃烧、爆炸或损坏的原料、产品和设备上面，也不得布置在食堂、餐饮业的主副食操作烹调台的上方。横支管与楼板和墙应有一定的距离，便于安装和维修。连接 2 个及 2 个以上大便器，或 3 个及 3 个以上卫生器具的铸铁排水横管上，宜设清扫口；连接 4 个及 4 个以上大便器的塑料排水横管上宜设清扫口。

（2）排水立管敷设

排水立管应靠近排水量大或水质最差的排水点处。立管不得穿过卧室、病房，也不宜靠近与卧室相邻的内墙；宜靠近外墙，以减少埋地管长度，便于清通和维修；排水立管上连接排水横支管的楼层应设检查口，且在建筑物底层必须设置。

（3）排水横管及排出管的敷设

排出管尽量以最短的距离排出室外，避免在室内转弯。埋地管不得布置在可能受重物压坏处或穿越生产设备基础。排水横管的直线管段上，清扫口之间的最大间距应符合表9-4的规定。

表9-4 排水横管直线管段上清扫口之间的最大间距

管径/mm	距离/m	
	生活废水	生活污水
50~75	10	8
100~150	15	10
200	25	20

建筑层数较多时，应注意排水立管最低排水横支管与立管连接处至立管管底的垂直距离（图9-38），不得小于表9-5的规定。

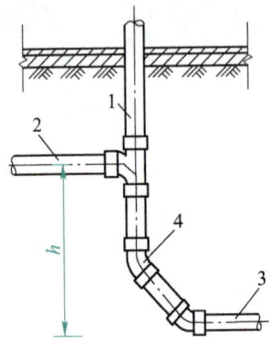

图9-38 最低排水横支管与立管连接处至立管管底的垂直距离
1—排水立管　2—横支管　3—排出管　4—弯头

表9-5 最低排水横支管与立管连接处至立管管底的最小垂直距离要求

立管连接卫生器具层数	垂直距离/m	
	仅设伸顶通气管	设通气立管
≤4	0.45	按配件最小安装尺寸确定
5~6	0.75	
7~12	1.20	
13~19	底层单独排出	0.75
≥20		1.20

思 考 题

1. 根据供水的用途不同，建筑给水系统可以分为哪些类型？
2. 建筑给水系统的基本组成有哪几部分？分别起什么作用？

3. 试述建筑给水系统常用给水方式的主要特点及适用条件。
4. 建筑给水系统中常用的配水附件有哪些？
5. 建筑排水系统由哪几部分组成？
6. 建筑排水方式有哪几种？

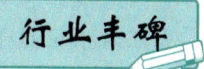

赣州古城福寿沟排水系统

福寿沟防洪排涝系统是赣州古城的地下水利工程，赣州拥有较大的地势差，中间高、两边低，因此设计了两个排水区，因为两条沟的走向形似篆体的"福""寿"二字，故名福寿沟。福寿沟全长12.6千米，图9-39为福寿沟布局示意图。

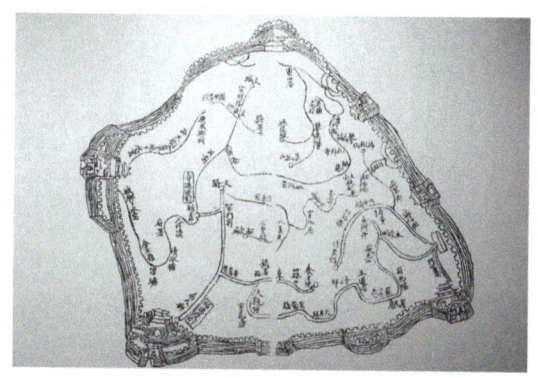

图9-39　福寿沟布局示意图

福寿沟防洪排涝系统主要包括：古城墙系统、地下沟渠系统、地表池塘系统、水窗系统，其工作原理可概括为：通、集、运、滤、蓄、排。

"通"就是畅通。福寿沟设计的时候，沟体有大有小，有高有低，就是为了不断改变沟体的切面来保证水的流速。

"集"就是收集，是把明沟、暗沟的水一起汇集到福寿沟内。

"运"就是搬运，度龙桥把福寿沟的水集中起来，然后一起运到章江和贡江里去。度龙桥高2.5米、宽4米，而进入水窗的断面尺寸为高1.65米、宽1.15米。度龙桥坡度是平常下水道坡度的4倍，水由度龙桥进入水窗时，流速增大了2~3倍，强大的水流冲力便冲开阀门并带走沉积物。另外，当汛期来临江水上涨时，水窗受压关闭，度龙桥的水倒流进福寿沟中，避免了江水倒灌。

"滤"就是过滤，福寿沟每隔一段就有一个30多厘米的沉井，每一条排水沟都与若干沉井相连。当水流过沉井的时候，一些淤泥和生活垃圾就积淀在下方，工人只需要定期把它清理干净即可减轻淤堵，保证福寿沟的畅通。此外在地下沟渠分布的路面上或民宅中还分布着大大小小"铜钱状"的排水孔，排水孔上的孔洞能阻挡树枝、石块以及日常的生活垃圾进入福寿沟。

"蓄"就是调蓄。在开凿福寿沟的同时，古人在赣州城内还修建了三个大池塘，连接原有的几十个中小池塘,进而接通福寿沟,这就大大提高了福寿沟的排水能力,增加了赣州城的蓄水量。一方面,池塘增加了城市暴雨时的雨水调节容量,有效减小城区淹没的面积;另一方面,池塘在城市生态系统的循环过程中起着调节气温、改善气候、美化环境等作用,并且可以调蓄和处理利用污水。

"排"就是排放,福寿沟利用水的压力把水窗冲开,这样水就可以顺利地流到章江和贡江去。每当江水水位低于水窗时,即借下水道水力将水窗冲开排水。反之,当江水水位高于水窗时,则借江水力将水窗自外紧闭,以防倒灌。

职业启示: 福寿沟是中国古代城市建设的奇迹,是世界城市建设的典范,也是国内唯一至今仍在使用的古代城市排水系统,有江南现存规模最大的古城墙,是世界上最先进的古代排水系统之一。其排水原理与现代海绵城市设计的排水理念具有异曲同工之处,为世界防洪体系提供了中国方案,贡献了中国智慧。

单元 10　土木工程防灾减灾

单元概述

本单元内容包括土木工程防灾减灾的概念、土木工程灾害类型、灾害基本防治对策及措施，并对地震、风灾、火灾分别从灾害类型、对土木工程的影响以及减灾措施等方面进行了介绍。

单元目标

知识目标：
（1）了解土木工程防灾减灾的概念，熟悉土木工程灾害的类型。
（2）掌握灾害基本防治对策及措施。
（3）熟悉各类土木工程灾害类型、对土木工程的影响以及防灾减灾措施。

素养目标：
（1）培养学生分析和解决问题的能力，培养理论指导实践的科学态度。
（2）树立较强的安全责任意识和质量意识，具备社会责任感，具有社会公益心。

10.1　土木工程防灾减灾概述

自然灾害类型众多，主要灾害种类有地震、火灾、洪灾、地质灾害、风灾、雷电等。随着城市化的加速发展，城市噪声、工业事故、交通事故、建设性破坏等城市灾害也呈增长趋势，如超高层建筑和大型公共建筑建设、地下空间利用、天然气生产和使用、核技术利用中产生的灾害等。

土木工程灾害是指由于人们的不当活动——选址、设计、施工、使用和维护导致所建造的土木工程不能抵御突发的荷载，而致使土木工程失效和破坏，乃至倒塌而造成的损失。

10.1.1　土木工程在防灾减灾中的重要性

土木工程在防灾减灾中的重要性主要体现在以下几个方面。
（1）防护性
无论是古代的筑巢穴居，还是近代的地下指挥所、核电安全壳，都需要土木工程的防护。从土木工程发展的历程看，它一开始是为抵御自然灾害而诞生的，最早人类为了遮风挡雨、远离野兽，才有了土木工程，进而为了防止被袭击开始挖城壕，建设地下防护工程。

(2) 超前性

防护设施必须建在遭受灾难之前，准确地说，所有具有防护功能的设施都具有超前性。土木工程从诞生到现在，它所具有的防护、抵御乃至抗衡的属性一直在延伸，如核电站用到的以重混凝土为主体的反应堆及反应堆外围坚固的安全壳，土木工程的防护性在新技术发展和运用中体现出来。人们在预计到可能发生某种灾害时，就会防止这种灾害的再次发生，做到未雨绸缪，预先采取措施，土木工程的超前性就是一个重要标志。

(3) 基础性

大型土木工程基础设施，具有投入大、效益好、服役周期长等特点。其服役周期可以延续几代人甚至数千年。

(4) 普遍性

土木工程具有普遍性。各行各业都离不开土木工程，且对土木工程有不同程度的依赖性。

10.1.2　土木工程灾害的类型

土木工程灾害按灾害的形成机制不同可分为自然灾害和人为灾害两种。

1. 自然灾害

自然灾害是指由于自然现象引起的灾害，其分类如下。

（1）按发生的原因分类

按发生的原因不同主要分为水利灾害和地质灾害。

① 水利灾害有洪水、海啸、飓风。

② 地质灾害有地震、滑坡、火山喷发等。

（2）按发生时间的长短分类

按发生时间的长短不同分为突发性灾害和长期性灾害。

① 突发性灾害持续时间短，有很强的突然性，如洪水、地震、海啸、火灾等。

② 长期性灾害持续时间较长，如旱灾、沙漠化、瘟疫等。

2. 人为灾害

人为灾害是指由于人们不当的知识或缺乏知识、不当的选址、不当的设计、不当的施工、不当的使用和维护，导致所建造的土木工程破坏甚至倒塌造成的灾害。

10.1.3　土木工程灾害的基本防治对策和措施

土木工程防灾减灾涉及地震工程、风工程、结构抗火、地质灾害防治、结构防爆抗爆、防护工程、城市综合防灾等领域。其基本防治对策和措施如下。

（1）灾害监测

监测与自然灾害有关的各种自然因素变化数据的工作叫作灾害监测。监测方式主要有航空遥感监测、地面台风监测、深部或地下孔点监测、水面和水下监测等。

（2）灾害预报

灾害预报是指根据灾害的周期性、重复性、灾害间的相关性、致灾因素的演变和作用、灾害发展趋势、灾源的形成、灾害载体的运移规律，以及灾害前兆信息和经验类比，对灾害未来发生的可能性作出估计或判断。

（3）灾前防灾

灾前防灾是在灾害发生前采取的避让性预防措施，是既经济、安全，又十分有效的减灾措施，主要有规划性防灾、工程性防灾、技术性防灾、转移性防灾和非工程性防灾等。

（4）抗灾

抗灾是指人类面对自然灾害所作出的反应，如抗洪、抗震、抗风、抗滑坡和泥石流等，主要包括工程结构的抗灾和工程结构灾后的检测与加固等。

（5）灾后救灾

灾后救灾是灾害发生后迅速采取的减灾措施。

10.2 土木工程防灾减灾类型

10.2.1 地震灾害与防震减灾

地震是迄今为止对土木工程结构安全威胁最大的自然灾害。

1. 地震灾害对土木工程的影响

地震灾害对土木工程的影响主要表现在三个方面：地表破坏、工程结构破坏和地震次生灾害。

（1）地表破坏

地震造成的地表破坏主要有地裂缝、地陷、地面喷水冒砂，以及滑坡、塌方等。

1）地裂缝。强地震作用下，常有地裂缝产生，可引起房屋开裂和道路、桥梁等工程设施的破坏。根据产生的机理不同，地裂缝主要分为构造地裂缝和重力地裂缝两种。

2）地陷。在强地震作用下，地面往往发生震陷，使建筑物破坏。

3）地面喷水冒砂（砂土液化）。在地下水位较高的地区，地震的强烈震动会使含水粉细砂层液化，地下水夹着砂土经裂缝或其他通道喷出地面，形成喷水冒砂现象。

4）滑坡、塌方。强烈地震常引起滑坡，在山地常有山石崩裂、塌方等现象。滑坡、塌方会导致公路阻塞，交通中断，冲毁房屋和桥梁，堵塞河流等震害。

地震表现及灾害特点

地震发生时，最基本的现象是地面的连续震动。地震区的人在感到左右晃动之前，会首先感到上下跳动。这是因为地震波分为纵波和横波，纵波传播速度快，会产生上下震动，横波接着产生大振幅的水平方向的晃动，是造成地震灾害的主要原因。

地震造成的灾害主要是破坏建筑物。此外，地震对自然界景观也有很大的影响，最主要的影响是地面出现断层和地震裂缝。但并不是所有的地表断裂都直接与震源的运动相关联，它们也可能是由于地震波造成的次生影响，特别是地表沉积层较厚的地区，坡地边缘、河岸和道路两旁常出现地裂缝，这往往是由于地形因素，在一侧没有依托的情况下晃动使表土松垮和崩裂。地震的晃动使表土下沉，浅层的地下水受挤压会沿地裂缝上升至地表，产生喷水冒砂现象。大地震能使局部地形改变，或隆起，或沉降，使道路坼裂、铁轨扭曲、桥梁折断。

在城市中，地震会导致地下管道破裂和电缆断裂，从而造成停水、停电和通信受阻。有毒气体和放射性物质泄漏可导致众多次生灾害。在山区，地震还能引起山崩和滑坡，常造成掩埋村镇的惨剧。崩塌的山石堵塞江河，在上游形成堰塞湖。

地震灾害的大小及其特点不仅取决于地震的大小及其特点，也与震中地区的经济发展状况、土木工程与其他各种工程的情况有关。

➡ 点评： 土木工程人员在建筑设计中应该从设计方案上回避抗震不利的建筑布局形式；在结构设计中建立合理的力学模型，加强概念设计和构造措施；在施工技术上合理选材，构件和节点施工要与设计模型和设计思想相统一。房屋建筑是人们活动和生活的主要场所，加强抗震设计势在必行，体现"以预防为主"的设计思想，达到"小震不坏，中震可修，大震不倒"的设防目标。建设工程只有在抗震设防、抗震设计和施工质量这三方面都符合要求，才能具备合理的抗震能力。

（2）工程结构破坏

工程结构破坏情况主要有以下三种。

1）承重结构承载力不足或变形过大而造成的破坏。地震时，地震作用附加于建筑物或构筑物上，导致建筑物或构筑物因承载力不足或变形过大而破坏，如墙体出现裂缝、钢筋混凝土柱剪断、混凝土被压裂、房屋倒塌等。

2）结构丧失整体性而造成的破坏。在强烈地震作用下，构件连接不牢、节点破坏、支撑系统失效等会使结构丧失整体性而造成破坏或倒塌。

3）地基失效引起的破坏。在强烈地震作用下，一些建筑物上部结构本身无损坏，但由于地基承载能力的下降或地基土液化造成建筑物倾斜、倒塌而破坏。

（3）地震次生灾害

地震次生灾害是指由地震间接产生的灾害，如地震诱发的火灾、水灾、有毒物质污染、海啸、泥石流等。

2. 防震减灾的措施

为防震减灾而采用的土木工程对策主要从规划设计和施工建造两方面着手，选择有利的抗震设计方法和原则，并采取合理可行的措施以减小地震力对结构造成的影响。

防震减灾的工程措施主要有结构抗震设防（设计、施工和管理）、结构隔震（免震）、结构消能减震及其他措施。

（1）结构抗震设防

抗震设防是以现有的科学水平和经济条件为基础的。随着科技水平的提高，人类对地震规律性的认识加深，在抗震设计中可以采用更加科学合理的设计方法和措施。例如，做到预防为主，做好抗震防灾规划；选择有利的建设场地，做好地基基础的抗震设计；选用良好的抗震结构体系；防止非结构构件的破坏。

（2）结构隔震（免震）

隔震（免震）是指通过在建筑物底部设置柔性隔震层，隔离地震作用对上部结构的影响，使建筑物在地震时只产生很小的震动，不至于造成结构和设施的破坏。

（3）结构消能减震

消能减震是指把结构物中的某些构件（如支撑、剪力墙等）设计成消能构件，或在结构物的某些部位（节点或连接处）装设阻尼器。在风载和小震作用下，消能构件和阻尼器处于弹性状态，结构体系具有足够的抗侧移刚度以满足正常的使用要求；在强烈地震作用下，消能构件或阻尼器率先进入非弹性状态，从而保护主体结构在强震中免遭破坏。

10.2.2 风灾与防风减灾

风灾是全球最常见和最严重的自然灾害之一。风灾具有发生频率高、次生灾害大、持续时间长等特点。

一般6级以下的风不会引起大的危害，6级或6级以上较强的风有时会造成房屋、车辆、船舶、树木、农作物、通信设施、电力设施破坏及人员伤亡，由此造成的灾害为风灾，对生活、生产产生严重影响。导致灾害的常见风型有暴风、台风、龙卷风等。在台风和龙卷风发生的同时一般会引发风暴潮、巨浪和强暴雨等次生灾害。

为了有效预防和控制土木工程结构风灾害的发生，除了采取加强气象灾害的监测和预报、种植防风林和设置防风墙等措施外，还应主动认识自然风和风作用现象，积极开展有关风对结构的作用、结构对风的响应以及控制结构风致震动等的探索和研究。

防风减灾措施主要有：充分考虑风灾因素，加强工程结构的抗风设计；建造防风固沙林和防风护岸植被，以减少风力对城市和海岸的破坏；在经常受风灾危害的地区，建立预报、预警体制。

10.2.3 火灾与防火减灾

火灾一般具有以下三个特点：成长性、不安定性、偶发性。

从工程结构角度看，火灾引起的高温会对工程结构造成损伤、严重破坏及倒塌。随着我国经济社会的高速发展，超高层建筑、大型公共建筑、大型桥梁、长大隧道等新型重大结构形式大量涌现。火灾作用下这些重大工程结构一旦遭受严重破坏，后果往往不堪设想。

从土木工程角度出发，增强建筑物防火能力的措施有以下几方面。

（1）耐火等级和材料选择

设计时须保证主体结构的耐火稳定性，必须合理地选择建筑材料。一般需要考虑材料的燃烧性能、导热性能、隔热性能、高温物理力学性能、发烟性能、毒性性能等。隔墙和吊顶等应具有必要的耐火性能，内部装修和家具陈设应力求使用不燃或难燃材料，如采用经过防火处理的吊顶材料和地毯、窗帘等，以减少火灾发生和控制火势蔓延。

（2）防火间距和防火分区

为防止火势通过辐射热等方式蔓延，建筑物之间应保持一定间距。建筑中为阻止烟火蔓延必须进行防火分区，即采用防火墙等把建筑划为若干区域。不能设防火墙的可设防火卷帘，用水幕保护。

（3）安全疏散和通风排烟

影剧院、体育馆等观众密集的场所的安全出口，要合理设置。楼层的安全出口为楼梯，开敞的楼梯间易导致烟火蔓延，妨碍疏散，高层建筑须设封闭的或防烟的楼梯间，阻挡烟气，利于疏散。

超高层建筑应增设暂时安全区或避难层,还可设屋顶直升飞机场,从空中疏散。疏散通路上应设紧急照明、疏散方向指示灯和安全出口灯。建筑物火灾时产生大量浓烟,不仅妨碍疏散,还会使人中毒甚至死亡。楼梯井、电梯井和管道井具有烟囱效应,起排烟作用,地下建筑的烟则很难排出。因此,高层或地下建筑的走道、楼梯间及消防电梯前室等,应按情况设置自然排烟或机械排烟设施。

(4) 自动报警和灭火装置

在大型公共建筑、高层建筑、地下建筑以及起火危险性大的厂房、库房内,还应设置自动报警装置和自动灭火装置,并设消防控制中心,对报警、疏散、灭火、排烟及防火门窗、消防电梯、紧急照明等进行指挥和管理。

土木工程灾害的防治工作任重而道远,应重视土木工程灾害的防治工作,用先进的科学技术和方法有效地防治,把土木工程灾害所造成的各项损失降到最低点,促进国民经济建设的可持续发展,最大限度地保证国家财产和人民群众生命的安全。

思 考 题

1. 土木工程灾害有哪些类型?
2. 土木工程灾害有哪些防治对策和措施?
3. 防震减灾的措施有哪些?
4. 从土木工程角度出发,增强建筑物防火能力的措施有哪些?

行业丰碑

全国首幢隔震楼

汕头陵海路38号,是一座隔震楼,建成于1993年,楼高8层,楼上住户加上沿街商铺共有28户(图10-1)。这幢看似普通的住宅楼却是全国第一幢橡胶支座隔震楼,也是当时世界上最高、最大的基底隔震住宅楼。1994年5月,联合国工业发展组织在汕头主持召开了隔震房屋国际房屋学术会议,来自18个国家的120多名专家参加会议。在那次会议上,国际权威专家将这座隔震住宅楼誉为"世界建筑隔震技术发展的第三个里程碑"。

这幢楼房不是直接建在地面上的,而是压在23个直径60~80cm的橡胶支座上。使用这种隔震技术,可抗地震烈度为9~10度,甚至11度。2001年,这种橡胶支座隔震技术被列入国家建筑设计抗震规范,编有技术规程、产品标准,成为唯一被写入国家规范的一项隔震技术。

图10-1 汕头陵海路38号

单元 10　土木工程防灾减灾

据大楼的设计者中国工程院院士周福霖称，将隔震楼和传统抗震楼的造价进行比较，当时两幢楼的施工结算显示，隔震楼土建造价为 667.13 元/m^2，传统抗震楼造价为 776.76 元/m^2。即隔震楼反而比传统抗震楼造价低。另外，隔震楼可以提高楼房的安全性 6~7 倍，甚至可以到 10 倍。在振动台上，模拟的九级 12 度地震都没有使框架混凝土结构的橡胶支座隔震楼受到破坏。发生地震时，房屋摆动程度要比地面摆动程度放大 2~3 倍，对比传统抗震楼来说，隔震楼最大的特点是大震不倒，不仅房子不倒，连屋里的东西都不会倾倒。

➡ 职业启示：我国 50% 的国土面积位于 7 度以上的地震高烈度区域，面临的地震灾害形势非常严峻。建造抗强烈地震的建筑物和构筑物是建筑工程领域的重要课题。传统建筑物和构筑物采用提高结构强度和塑性变形能力来抵御和减小地震的破坏作用。由于传统的抗震方法并没有解决房屋上部结构和基础整体刚性的问题，因此地震时，地面运动能量经过基础输入房屋结构，致使房屋结构发生振动、变形，甚至倒塌。如何采用更好的抗震方法提高建筑物的抗震效果，是我们应该深入研究的课题。消能减震技术是目前很多国家都在关注的研究课题，我国在这方面已经取得了很大的进展。

在土木工程防震减灾的研究与实践中，应积极探索，努力寻求新技术新方法，隔离地震能量向建筑物的输入，保证建筑物安全。

单元 11　土木工程建设项目管理

单元概述

本单元主要包括建设程序与建设法规，工程项目招投标与承发包管理，建设工程项目管理的概念、特点、基本内容，以及建设工程监理的相关内容。

单元目标

知识目标：
（1）掌握土木工程建设基本程序。
（2）熟悉工程项目招投标以及工程项目承发包模式。
（3）掌握建设工程项目管理的基本内容。

素养目标：
（1）树立团队协作精神，培养交流、沟通、组织与协调合作能力。
（2）强化遵纪守法意识，树立良好的劳动纪律观念。
（3）培养与时俱进的工作态度，良好的人文、心理素质以及勇于创新的精神。

11.1　工程项目建设程序

建设程序是指建设项目从设想、选择、评估、决策、设计、施工到竣工验收、投入生产的整个建设过程中，各项工作必须遵循的先后工作次序。建设程序反映了建设项目发展的内在规律和过程。

工程建设是人类改造自然的活动，建设工作涉及面广，完成一项建设工程需要多方面的密切协作和配合，工程项目建设程序是工程建设过程客观规律的反映，是建设工程项目科学决策和顺利进行的重要保证。

工程项目基本建设程序如图 11-1 所示。

（1）决策阶段

决策阶段又称为建设前期工作阶段，主要包括编制项目建议书、项目可行性研究以及编制可行性研究报告三项工作内容。

1）编制项目建议书。对于政府投资工程项目，编制项目建议书是项目建设最初阶段的工作。其主要作用是推荐建设项目，以便在一个确定的地区或部门内，以自然资源和市场预测为基础，选择建设项目。

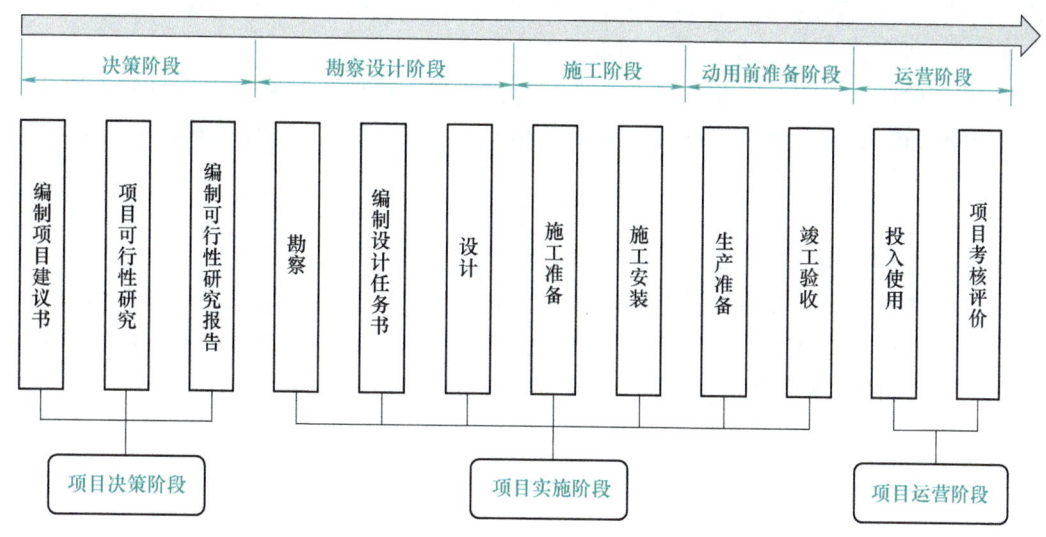

图 11-1　工程项目基本建设程序

2）项目可行性研究。项目可行性研究是在项目建议书被批准后，对项目在技术上和经济上是否可行所进行的科学分析和论证。

3）编制可行性研究报告。

（2）勘察设计阶段

1）勘察。建设工程勘察是为满足工程建设的规划、设计、施工、运营及综合治理等的需要，对地形、地质及水文等状况进行测绘、勘探测试，并提供相应成果和资料的活动。

2）编制设计任务书。设计任务书是确定建设项目、申报审批的基本文件，是建设项目的建设大纲，是编制初步设计等建设前期工作的主要依据。

3）设计。一般划分为两个阶段，即初步设计阶段和施工图设计阶段。大型复杂项目可根据不同行业的特点和需要在初步设计阶段之后增加技术设计阶段。

初步设计是设计的第一步，当初步设计提出的总概算超过可行性研究报告投资估算的10%或其他主要指标需要变动时，要重新报批可行性研究报告。

初步设计经主管部门审批后，建设项目被列入国家固定资产投资计划，方可进行下一步的施工图设计。

施工图一经审查批准，不得擅自进行修改，否则必须重新报请原审批部门，由原审批部门委托审查机构审查后再批准实施。

（3）施工阶段

1）施工准备。施工准备主要内容包括：组建项目法人、征地、拆迁、"三通一平"或"七通一平"；组织材料、设备订货；办理建设工程质量监督手续；委托工程监理；准备必要的施工图纸；组织施工招投标，择优选定施工单位；办理施工许可证等。

2）施工安装。建设工程具备了开工条件并取得施工许可证后方可开工进行施工安装。

（4）动用前准备阶段

1）生产准备。对于生产性建设项目，在其竣工投产前，建设单位应适时组织专门班子或机构，有计划地做好生产准备工作，包括：招收、培训生产人员；组织有关人员参加设备安装、调试、工程验收；落实原材料供应；组建生产管理机构，健全生产规章制度等。生产准备是由建设阶段转入运营阶段的一项重要工作。

2）竣工验收。工程竣工验收是全面考核建设成果、检验设计和施工质量的重要步骤，也是建设项目转入生产和使用的标志。验收合格后，建设单位编制竣工决算，项目正式投入使用。

(5) 运营阶段

1）投入使用。项目竣工验收合格后，正式投入使用。

2）项目考核评价。建设项目考核评价是工程项目竣工投产、生产运营一段时间后，对项目的立项决策、设计施工、竣工投产、生产运营等全过程进行系统评价的一种技术活动，是固定资产管理的一项重要内容，也是固定资产投资管理的最后一个环节。

11.2 工程项目招投标与承发包管理

11.2.1 工程项目招投标

工程项目招投标已成为建筑市场中广泛采用的主要交易方式。对建设工程的发包人来说，重要的是如何找到理想的、有能力承担建设工程任务的合格单位，用经济合理的价格，获得满意的服务和产品。建设工程的发包人一般通过招标或其他竞争方式选择建设工程任务的实施单位，而实施单位需要通过投标来获取承揽建设工程的机会。

招投标适用范围包括工程项目的前期阶段（可行性研究、项目评估等），以及建设阶段的勘测设计、工程施工、技术培训、试生产等工作。由于这两个阶段的工作性质有很大差异，因此实际工作中往往分别进行招投标，也有实行全过程招投标的。

1. 工程项目招标

工程项目招标是指建设单位对拟建的工程项目通过法定的程序和方式吸引承包单位竞争，并从中选择条件优越者来完成工程建设任务的法律行为。对于建设单位来说，招标就是择优。由于工程的性质和建设单位的评价标准不同，择优可能有不同的侧重面，但一般包含如下四个主要方面：较低的价格、先进的技术、优良的质量和较短的工期。建设单位通过招标，从众多的投标者中进行评选，既要从其突出的侧重面进行衡量，又要综合考虑上述四个方面的因素，最后确定中标者。

(1) 招标项目的确定

从理论上讲，在市场经济条件下，建设工程项目是否采用招标的方式确定承包人，建设单位有着完全的决定权；采用何种方式进行招标，建设单位也有着完全的决定权。但是为了保证公共利益，我国法律规定了有政府资金投资的公共项目（包括部分投资的项目或全部投资的项目）、涉及公共利益的其他资金投资项目、投资额在一定额度之上的项目，要采用招标方式进行。

按照相关规定，以下项目宜采用招标的方式确定承包人。

1）大型基础设施、公用事业等关系社会公共利益、公众安全的项目。

2）全部或者部分使用国有资金投资或者国家融资的项目。

3）使用国际组织或者外国政府资金的项目。

除此以外，各地方政府遵照《中华人民共和国招标投标法》和有关规定，也对所在地区应该实行招标的建设工程项目的范围和标准给出了具体规定。

（2）招标方式

1）公开招标。公开招标也称无限竞争性招标，招标人在公共媒体上发布招标公告，提出招标项目和要求，符合条件的一切法人或者组织都可以参加投标竞争，都有同等竞争的机会。按规定应该招标的建设工程项目，一般应采用公开招标方式。建设工程项目公开招标流程如图 11-2 所示。

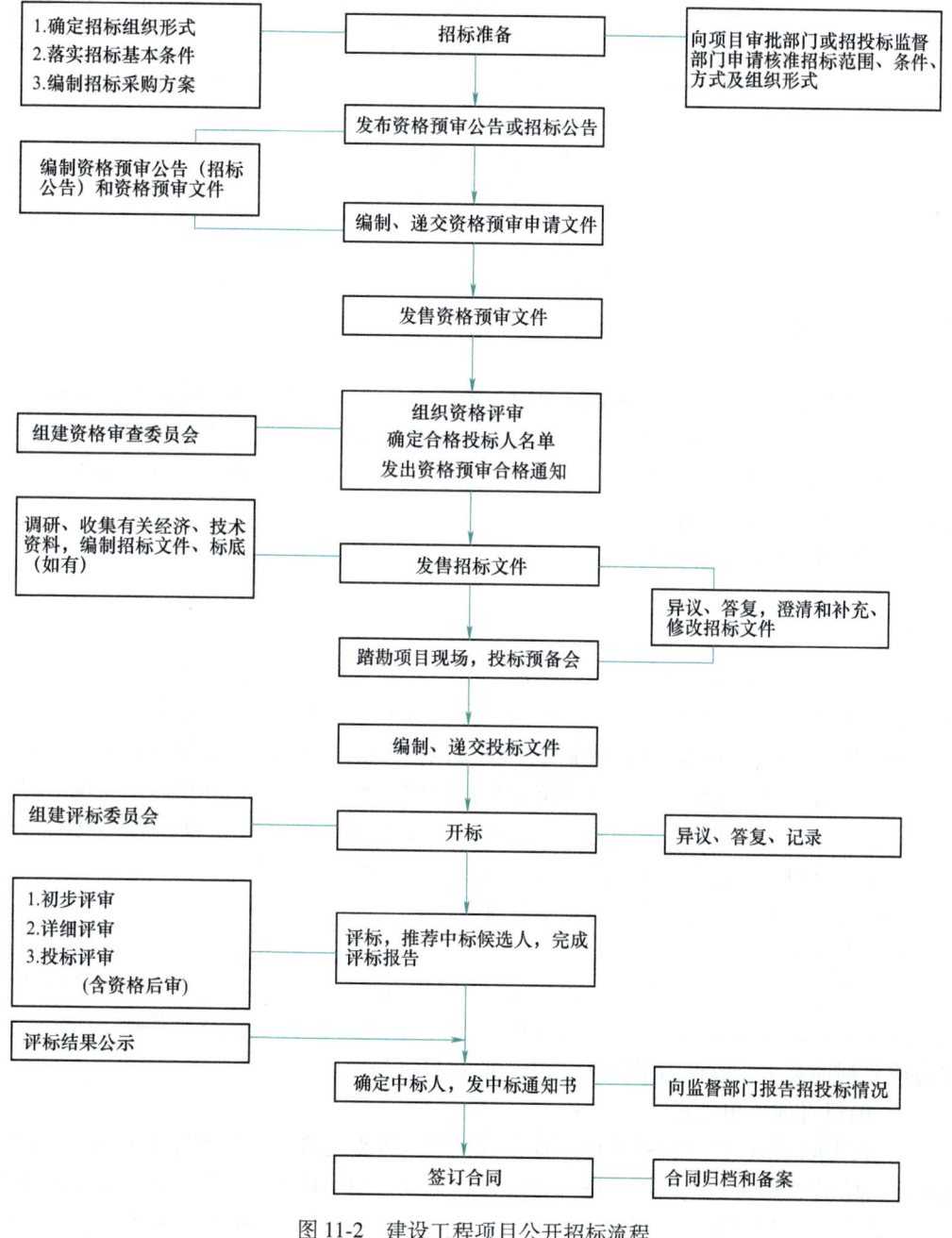

图 11-2 建设工程项目公开招标流程

公开招标的优点是招标人有较大的选择范围，可在众多的投标人中选择报价合理、工期较短、技术可靠、资信良好的中标人。但是公开招标的资格审查和评标的工作量比较大，耗时长，费用高，且有可能因资格预审把关不严导致鱼目混珠的现象发生。

当采用公开招标方式时，招标人不得以不合理的条件限制或排斥潜在的投标人，例如不得限制本地区以外或本系统以外的法人或组织参加投标等。

2）邀请招标。邀请招标也称有限竞争性招标，招标人事先经过考察和筛选，将投标邀请书发给某些特定的法人或者组织，邀请其参加投标。

按规定应该招标的建设工程项目，一般应采用公开招标；如果要采用邀请招标，则需经过批准。有下列情形之一的，经批准可以进行邀请招标。

① 项目技术复杂或有特殊要求，只有少量几家潜在投标人可供选择的。
② 受自然地域环境限制的。
③ 涉及国家安全、国家秘密或者抢险救灾，适宜招标但不宜公开招标的。
④ 拟公开招标的费用与项目的价值相比，不值得的。
⑤ 法律、法规规定不宜公开招标的。

招标人若采用邀请招标方式，则应当向三个以上具备承担招标项目的能力、资信良好的特定法人或者其他组织发出投标邀请书。

2. 工程项目投标

对于承包商来说，参加投标就如同参加一场赛事竞争。特别是当前国际承包市场上，技术密集型项目越来越多，势必给承包商带来两方面的挑战：一方面是技术上的挑战，要求承包商具有先进的科学技术，能够完成高、新、尖、难工程；另一方面是管理上的挑战，要求承包商具有现代先进的组织管理水平。

建设工程项目投标流程如图 11-3 所示。

11.2.2 工程项目承发包管理

工程项目承发包关系是建设单位委托设计单位或施工单位完成拟建土木工程产品相应任务而形成的相互关系，它反映土木工程产品所有者与生产者之间的经济关系。建设单位作为土木工程产品的所有者向设计单位或施工单位发包，而设计单位或施工单位则作为土木工程产品的生产者向建设单位承包，并在经济上直接对建设单位负责。招标投标是实现工程承发包关系的主要途径，即建设单位通过招标进行发包，设计单位或施工单位通过投标进行承包。这样所形成的承发包关系才能真正符合市场经济发展的客观规律。

建筑市场上常见的承发包模式有以下几种。

（1）平行承发包模式

平行承发包模式是建设单位把设计任务分别委托给多个设计单位，把施工任务分别发包给多个施工单位，在这种情况下，各设计单位之间是平行或并列的关系，各施工单位之间也是平行或并列的关系，故称为平行承发包，如图 11-4 所示。

（2）项目管理承包模式

项目管理承包指建设单位将建设工程项目管理任务委托给一家项目管理承包商，项目管理承包商代表建设单位对工程项目进行全过程、全方位的项目管理，包括进行工程的整体规划、项目定义、工程招标、选择施工承包商，并对设计、采购、施工、试运行进行全面管

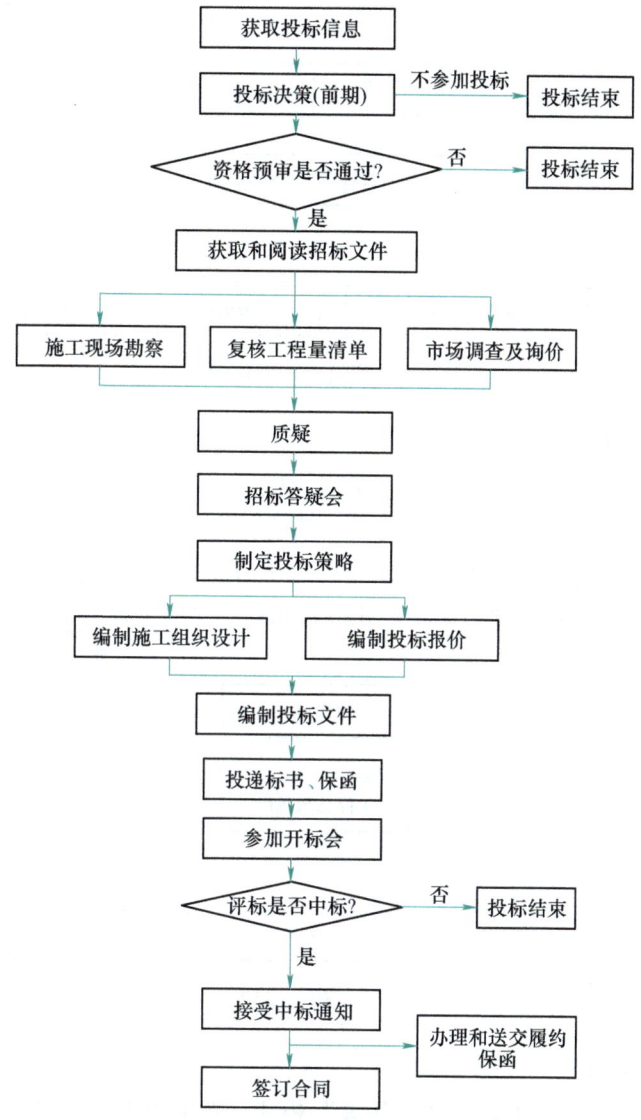

图 11-3 建设工程项目投标流程

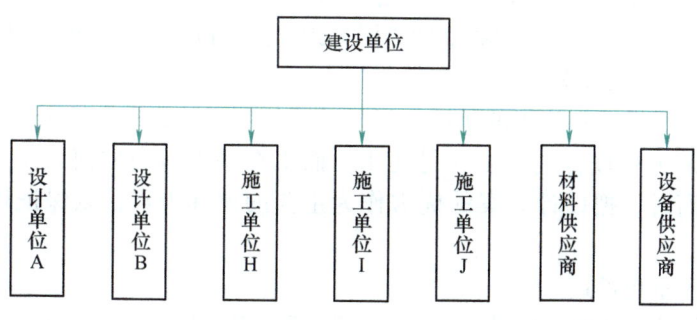

图 11-4 平行承发包模式

理。项目管理承包商一般不直接参与项目的设计、采购、施工和试运行等阶段的具体工作，如图11-5所示。

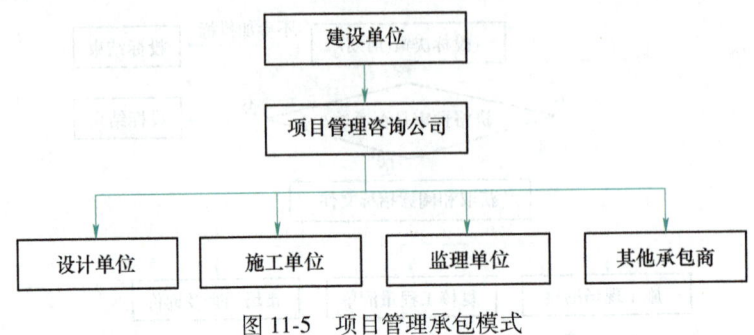

图11-5　项目管理承包模式

(3) 工程总承包模式

工程总承包模式，又称设计、采购、施工一体化模式，是指在项目决策阶段以后，从设计开始，经招标，委托一家工程公司对设计、采购、建造进行总承包，如图11-6所示。在这种模式下，按照承包合同规定的总价或可调总价方式，由工程公司负责对工程项目的进度、费用、质量、安全进行管理和控制，并按合同约定完成工程。

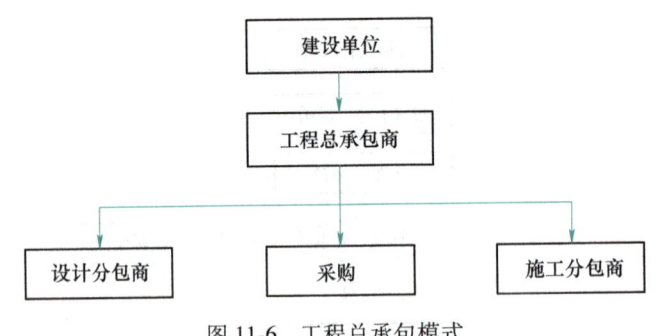

图11-6　工程总承包模式

(4) 设计-建造模式

设计-建造模式，在国际上也称"交钥匙"模式，在中国称设计-施工总承包模式，是在项目原则确定之后，建设单位选定一家公司负责项目的设计和施工。这种方式在投标和订立合同时是以总价合同为基础的。设计-建造总承包商对整个项目的成本负责，首先选择一家咨询设计公司进行设计，然后采用竞争性招标方式选择分包商，当然也可以利用本公司的设计和施工力量完成一部分工程。

这种模式避免了设计和施工的矛盾，可显著降低项目的成本和缩短工期。然而，建设单位关心的重点是工程按合同竣工交付使用，而不在乎承包商如何去实施。同时，建设单位在选定承包商时，把设计方案的优劣作为主要的评标因素，以保证得到高质量的工程项目。

(5) 施工管理承包模式

施工管理承包模式又称"边设计、边施工"模式或分阶段发包模式。施工管理承包模式是由建设单位委托施工管理承包单位，以一个承包商的身份，采取有条件的边设计、边施工，着眼于缩短项目周期，也称快速路径法，即以快速的生产组织方式来进行施工管理，直接指挥施工活动，在一定程度上会影响设计活动。施工管理承包单位与建设单位的合同通常采用"成本+利润"方式。此模式通过施工管理商来协调设计和施工的矛盾，使决策公开化。

其特点是由建设单位和建设单位委托的工程项目经理与工程师组成一个联合小组共同负责组织和管理工程的规划、设计和施工。完成一部分分项（单项）工程设计后，即对该部分进行招标，发包给一家承包商，无总承包商，由建设单位直接按每个单项工程与承包商分别签订承包合同。

（6）建造-运营-移交模式

建造-运营-移交模式，是指以一个国家的财团或投资人为项目的发起人，从一个国家的政府获得某项目基础设施的建设特许权，然后由其独立式地联合其他方组建项目公司，负责项目的融资、设计、建造和经营。在整个特许期内，项目公司通过项目的经营获得利润，并用此利润偿还债务。在特许期满之时，整个项目由项目公司无偿或以极少的名义价格移交给东道国政府。

11.3 建设工程项目管理

建设工程项目管理的内涵是自项目开始至项目完成，通过项目策划和项目控制使项目的费用目标、进度目标和质量目标得以实现。

"自项目开始至项目完成"指的是项目的实施期；"项目策划"指的是目标控制前的一系列筹划和准备工作；"费用目标"对建设单位而言是投资目标，对施工方而言是成本目标。

11.3.1 建设工程项目管理的基本内容

建设工程项目管理的基本内容包括以下几个方面。

（1）合同管理

建设工程合同是建设单位和参与项目实施的各主体之间明确责任、权利和义务关系的具有法律效力的协议文件，也是运用市场经济体制组织项目实施的基本手段。

建设工程合同管理主要是指对各类合同的依法订立过程和履行过程的管理，包括合同文本的选择，合同条件的协商、谈判，合同书的签署；合同履行、检查、变更，以及违约、纠纷的处理；索赔事宜的处理工作；总结评价等。

（2）组织协调

组织协调是工程项目管理的内容之一，是实现项目目标必不可少的方法和手段。在项目实施过程中，项目的参与单位需要处理和协调众多复杂的业务组织关系，主要内容如下。

① 外部环境协调：与政府管理部门（如规划、城建、市政、消防、人防、环保、城管部门）之间的协调；资源供应方面的协调，如供水、供电、供热、电信、通信、运输和排水等方面的协调；生产要素方面的协调，如图纸、材料、设备、劳动力和资金方面的协调；社区环境方面的协调等。

② 项目参与单位之间的协调：如建设单位、监理单位、设计单位、施工单位、供货单

位、加工单位等。

③ 项目参与单位内部的协调：指项目参与单位内部各部门、各层次之间及个人之间的协调。

(3) 进度控制

工程项目管理
软件应用——
进度计划编制

进度控制包括方案的科学决策、计划的优化编制和实施有效控制三个方面的任务。方案的科学决策是实现进度控制的先决条件，它包括方案的可行性论证、综合评估和优化决策。只有决策出优化的方案，才能编制出优化的计划。

计划的优化编制包括科学确定项目的工序及其衔接关系、持续时间、优化编制网络计划和实施措施，是实现进度控制的重要基础。

实施有效控制包括同步跟踪、信息反馈、动态调整和优化控制，是实现进度控制的根本保证。

(4) 投资控制

投资控制包括编制投资计划、审核投资支出、分析投资变化情况、研究投资减少途径和采取投资控制措施五项任务。前两项是对投资的静态控制，后三项是对投资的动态控制。

(5) 质量控制

质量控制包括制订各项工作的质量要求及质量事故预防措施、各个方面的质量监督与验收制度，以及各个阶段的质量事故处理和控制措施三个方面的任务。制订的质量要求要具有科学性，质量事故预防措施要具备有效性。质量监督和验收包含对设计质量、施工质量及材料设备质量的监督和验收，要严格检查制度和加强分析。质量事故处理与控制要对每一个阶段均严格管理和控制，采取细致而有效的质量事故预防和处理措施，以确保质量目标的实现。

(6) 风险管理

随着工程项目规模的大型化和工艺技术的复杂化，项目管理者所面临的风险越来越大。要保证工程建设项目的投资效益，就必须对项目风险进行科学管理。

风险管理是一个度量和确定项目风险，以及制订、选择和管理风险处理方案的过程。其目的是通过风险分析减少项目决策的不确定性，使决策更加科学，以及在项目实施阶段保证目标控制的顺利进行，更好地实现项目质量、进度和投资目标。

(7) 信息管理

信息管理是工程项目管理的基础工作，是实现项目目标控制的保证。只有不断提高信息管理水平，才能更好地承担起项目管理的任务。

工程项目的信息管理主要是指对有关工程项目的各类信息进行收集、储存、加工整理、传递与使用等一系列工作的总称。信息管理的主要任务是及时、准确地向项目管理各级领导、各参加单位及各类人员提供所需的综合程度不同的信息，以便在项目进展的全过程中，动态地进行项目规划，迅速正确地进行各种决策，并及时检查决策执行结果，反映工程实施中暴露的各类问题，为项目总目标服务。

(8) 环境保护

工程建设可以改造环境，为人类造福。优秀的设计作品还可以增添社会景观，给人们带来观赏价值。但一个工程项目的实施过程和结果，同时也存在着影响甚至恶化环境的种种因素。因此，应在工程建设中强化环保意识，切实有效地把环境保护和避免损害自然环境、破坏生态平衡、污染空气和水质、扰动周围建筑物和地下管网等现象的发生作为项目管理的重要任务之一。

11.3.2 建设工程项目管理现代化

建设工程项目管理是一项错综复杂、综合性非常强的工程。在整个建设项目的实施过程中，许多事件在并行发展，而这些事件有着千丝万缕的联系，相互间既有促进，又有制约，加之施工项目管理具有单件性、长期性的特性，使得其与其他行业的项目管理有着很大的区别。

随着信息技术的不断发展，计算机软件也被广泛地应用到了建设工程管理之中。其实，建设工程管理的大部分工作是对信息的管理工作。如何有效地掌握建设工程中的各种有效信息，全面分析这些信息的特点，快速准确地对信息进行抽取、加工和分类，很大程度上依赖于建设工程信息管理软件的应用。先进的计算机信息技术既可以大幅度提升建设工程管理的水平，又可促进建设工程管理的不断发展，对推进建设工程行业的信息化进程具有十分重要的现实意义。

现代化的项目管理就是随着信息技术的不断进步发展起来的，现代化的项目管理具有如下特点。

Luban iWorks 软件在项目管理中的应用

（1）项目管理理论、方法、手段的科学化

① 现代管理理论的应用，如系统论、信息论、控制论、行为科学等在项目管理中的应用。

② 现代管理方法的应用，如预测技术、决策技术、数学分析方法、数理统计方法、模糊数学、线性规划、网络技术、图论、排队论等。

③ 管理手段的现代化，最显著的是计算机的应用，以及现代图文处理技术、精密仪器的使用、多媒体的使用等。

（2）项目管理的社会化和专业化

以往进行工程建设要组织管理团队，一旦工程结束，这个团队便解散或赋闲，因此管理人员的经验得不到积累。

在现代社会中，建设工程需要专业化的项目管理公司。项目管理现今不但是一门学科，而且成为一种职业，专门承接项目管理业务，提供全套的专业化咨询和管理服务。

（3）项目管理的标准化和规范化

项目管理是一项技术性非常强且十分复杂的工作，要符合社会化大生产的需要，项目管理必须标准化、规范化，这样项目管理工作才有通用性，才能专业化、社会化，才能提高管理水平和经济效益。这使得项目管理成为人们通用的管理技术，逐渐摆脱经验型管理。

（4）项目管理国际化

项目管理的国际化即按国际惯例进行项目管理。国际惯例能把不同文化背景的人包罗进来，提供一套通用的程序、通行的准则和方法，这样统一的文件就使得项目中的协调有一个统一的基础。

思 考 题

1. 土木工程建设程序包含哪几个阶段？
2. 简述工程项目招标方式。
3. 建设工程项目管理的基本内容包括哪几个方面？

重庆西站工程项目管理分析

一、项目概况

重庆西站位于重庆市沙坪坝区凤中路168号，为原襄渝线的上桥火车站货场，东临沙坪坝区凤天路，西连中梁山脉，南邻华岩风景区，北接西环立交。车站距重庆江北国际机场约40km，距重庆北站约20.9km，距重庆站约15km。截止2020年9月，重庆西站总建筑面积为201052m²，站房建筑面积为119944m²，设计最高容纳1.5万人，站台规模为15台31线，项目总投资额为28.33亿元。重庆西站是中国铁路干线"八纵八横"的重要组成部分，也是以铁路为主，集长途汽车、公交、轨道等多种交通方式于一体的综合交通枢纽。重庆西站采用高架候车模式，站房设计采用"上进下出为主、下进下出为辅"的进出站方式，共设五层，采用"综合交通、立体布局"的方式。地面两层为铁路主站房候车厅，地面层中间设置铁路站台、售票大厅和进站大厅。B1、B2层分别为站台层和出站层，东广场地面与站台层持平，中间设置铁路客流集散大厅、轨道票厅、公共换乘区（轨道区域、出租车区域）。B3、B4层为重庆轨道交通环线、5号线及12号线区域。

二、工程项目管理措施

1. 安全管理措施

1）建设工程安全生产管理，坚持安全第一、预防为主的方针。

2）及时提供施工现场及毗邻区域内排水、供电、通信等地下管线资料，水文观测资料及地下工程的有关资料，保证资料真实、准确、完整。

3）不得对勘察、设计、施工、监理等单位提出不符合建设工程安全生产法律、法规和强制性标准规定的要求，不得压缩合同规定的工期。

4）不得明示或暗示施工单位购买、租赁、使用不符合安全施工要求的安全防护用具、机械设备及器材等。

5）工程开工后，及时将保证安全施工的措施报送行政主管部门备案。

6）参与监理单位组织的安全生产大检查。发现存在安全事故隐患的，要求施工单位立即整改；情况严重的，要求施工单位暂停施工；拒不整改或不停止施工的，及时向有关主管部门报告。

7）审核施工组织设计中的安全技术措施或专项施工方案、施工现场临时用电方案等。

8）及时同施工单位签署建设工程安全生产责任书。

9）及时制订建设工程生产安全事故应急救援预案。

2. 质量管理措施

1）工程质量管理应贯彻"质量第一、预防为主"的方针，坚持"计划、执行、检查、处理"的循环工作方法，实行"统一领导、分级管理、分工负责"的原则。

2）工程质量管理应遵循《建设工程质量管理条例》等国家有关的法规和强制性标准，满足工程建设技术标准的质量要求。

3）在施工前组织设计图纸会审和设计交底，理解设计意图和设计文件对施工的技术、质量和标准要求，并应形成、保存记录。

4）建立设计变更的程序，组织有关人员按规定程序处理设计变更。

5）工程部配合监理单位，采取日常现场质量监督和施工质量控制点检查相结合的方式，重点是对关键、特殊工序的质量控制，并应形成、保存记录。

6）及时组织施工材料的招投标工作，未经检验和已经检验为不合格的材料、半成品、构配件和工程设备等，不得投入使用。

7）施工中发生的质量事故，按《建设工程质量管理条例》的有关规定处理；对出现的问题、缺陷或不合格，召开有关专业人员参加的质量分析会，并制订整改措施。

8）对影响工程主体结构安全和使用功能的不合格，邀请监理工程师、设计人，共同确定处理方案，报建设主管部门批准。

9）定期召开质量分析会，对影响工程质量的潜在原因，采取预防措施。

10）建立工程交接后的工程保修和回访制度，工程保修按合同约定或国家有关规定执行。

3. 进度管理措施

1）建设准备阶段应做好施工招标，签订施工合同，审查施工组织设计进度。

2）建立进度控制体系；明确进度控制任务；配备人员；落实进度控制责任；建立进度检查、协调制度。

3）审核供应单位的进度计划，监督、检查、控制、协调各项进度计划的实施。

4）跟踪并定期检查施工进度。

5）提供实现进度计划的资金保证，提供设备材料等供应保证。

6）严格控制合同变更，充分考虑风险因素对进度的影响。

7）不断收集工程实施实际进度的有关信息并进行整理统计；实际进度与计划进度比较；监督施工单位，定期提供进度报告。

8）在进度控制中应确保资源供应计划的实现；供应进度不能满足要求时，采取应急措施排除障碍。

4. 成本管理措施

1）建设工程造价中的建安工程费用、设备购置费用、勘察费、设计费、工程监理费、咨询费等，通过公平竞争，在合同中约定。

2）及时采集、了解材料价格变化趋势等造价信息，为工程造价提供参考。

3）采用招标的工程，编制严密的招标文件，并及时编制工程量清单作为招标文件的组成提供给投标人，坚持严格的评标制度及评标程序。

4）不招标工程及时编制施工图预算，平等协商确定工程合同价。

5）依法签订《建设工程施工合同》，制订严密的合同条款，不得在合同之外另行订立与合同内容不一致的其他协议。

6）抓好甲供材料、设备投资管理，坚持以大渠道供货为主，市场自行采购为辅，力求质优价廉，大型的设备、材料坚持公开招标方式，成立工程审计部，以保证供货质量，节省设备材料的投资。

7）严把变更关，注重变更的合理性，严格设计变更签证审批程序，加强对设计变更工程量及内容的审核监督。变更内容及时与设计部门协商，出具书面变更单，不得擅自修改设计。

5. 竣工验收管理措施

1）施工单位完成工程设计和合同约定的各项内容并经施工单位自检，监理公司初验合格后向工程部提交工程竣工报告，申请工程竣工验收。

2）实行监理的工程，工程竣工报告须经总监签署意见。

3）工程部组织公安消防、环保、人防等部门进行竣工验收。

4）工程部对符合竣工验收要求的工程，组织勘察、设计、施工、监理单位和其他有关方面的专家组成验收组，进行工程竣工验收。

5）工程竣工验收合格后，及时提出工程竣工验收报告，并向建设行政主管部门及时备案。

6）建设工程符合综合验收条件的，向市规划建设行政主管部门申请竣工综合验收，配合公司进行竣工综合验收。

三、项目现场管理中突发情况的处理

1）涉及工程变更时，了解变更需要程度，参与监理单位组织的协商实测工作，确定变更具体内容。参与施工过程现场计量工作，复核咨询公司审计成果，及时签发工程进度款。

2）在土方开挖、基坑围护阶段，原设计方案由于项目变更，地下室加深无法满足围护安全要求时，组织各相关单位人员研究处理方案，在原有 SMW 工法桩的基础上增加二道梁支撑及斜撑，确保周围小区及场地安全。

3）在工程施工过程中，周围小区沉降、裂缝现象比较突出，经过各方面协调请专业检测机构对各小区的沉降、位移、房屋裂缝进行检测，并及时做好周边居民的协调，对出现的隐情及裂缝进行排除及修补。

4）及时组织甲供材料的招投标工作，签订采购合同，协调甲供材料单位与施工单位的衔接问题。

5）监督施工单位自购材料的质量，在施工过程中出现未按招标文件要求的钢筋品牌、防水卷材品牌、上下水管品牌，及砖砌块质量不达标现象时，严格要求施工单位更换。

6）跟踪施工进程的隐检、预检，组织监理单位共同进行质量抽查；在抽查中出现未按国家强制性标准规定及设计要求施工的现象时，督促施工单位整改后继续下道工序施工。

职业启示：在项目管理中，作为建设单位的项目管理人员，应根据项目实际进展情况及时采取行动，从技术、协调关系及经济等角度采取措施，对项目质量、工期、费用、安全、风险等方面进行全过程的管理。

单元 12　计算机在现代土木工程中的应用

单元概述

本单元内容包括计算机模拟仿真技术、计算机辅助设计、BIM 技术以及土木工程专家系统。

单元目标

知识目标：
(1) 了解计算机模拟仿真技术的应用。
(2) 了解计算机辅助设计。
(3) 了解 BIM 技术在现代土木工程中的应用。

素养目标：
(1) 树立正确的信息意识，培养整理数据、分析数据和动手操作的能力。
(2) 培养主动观察、积极思考、独立分析问题和解决问题的良好习惯。

12.1　计算机模拟仿真技术

12.1.1　计算机模拟仿真技术概述

计算机模拟仿真技术随着计算机硬件的发展而得到迅速发展。计算机仿真利用计算机对自然现象、系统功能，甚至人脑思维等进行逼真的模拟。这种模拟仿真是数值模拟的进一步发展。

计算机仿真技术把现代仿真技术与计算机发展结合起来，通过建立系统的数学模型，以计算机为工具，以数值计算为手段，对存在的或设想中的系统进行试验研究。

12.1.2　计算机模拟仿真技术的应用

(1) 计算机模拟仿真技术在土木工程教学中的应用

采用计算机模拟的方法，利用计算机图形系统构成一个模拟的试验环境，用户向计算机输入构件数据后，就可以在屏幕上观察到构件破坏的全过程及破坏过程中其内外部的各种变化。

(2) 计算机模拟仿真技术在建筑施工中的应用

计算机模拟仿真技术在建筑施工中的应用有助于建筑市场的管理和管理制度的完善，施工虚拟工程在招投标过程中能主观对比投标各方的施工工艺、方法和成效，提高评标的透明度和公正性，减少各种不正当行为的发生；有助于检验建筑设计是否合理，从而指出不合理的部位进行修改，达到优化设计的目的，这对重大工程尤为重要；有助于施工方案的选择和优化，因为建筑施工方案的选择有一定的局限性，它主要取决于决策者的施工经验和知识水平，而施工虚拟仿真技术可以直观、科学地展示不同施工方法和施工组织措施的效果，可以定量地完成方案的对比，真正实现施工优化；有助于模拟新技术、新材料、新工艺应用后的效果；有助于施工管理，施工虚拟仿真技术能模拟施工全过程，能够提前发现施工管理中质量、安全等方面存在的隐患，管理人员可以采取有效的预防、加强措施，提高工程施工质量和管理效果，操作人员可以全面了解作业过程，安全地完成施工任务。建筑业是高危行业，加强安全工作是施工单位的工作重点，也是政府和人民群众关注的重点。

(3) 计算机模拟仿真技术在结构工程中的应用

当结构形式特殊、荷载及材料特性特殊且十分复杂时，常常借助结构的模型试验来测得其受力性能。当结构参数发生变化时，这种试验有时就会受到场地和设备的限制，这时利用计算机模拟仿真技术就可以测得受力性能。在结构工程中，计算机模拟仿真技术还用于事故的反演，寻找事故的原因。

(4) 计算机模拟仿真技术在防灾工程中的应用

人类与自然灾害或人为灾害做了长期的斗争。由于灾害的重复试验几乎是不可能的，因而计算机模拟仿真在这一领域的应用非常有意义。目前，已有不少关于抗灾防灾的模拟仿真软件被研制成功。

12.2 计算机辅助设计

计算机辅助设计（Computer Aided Design，简称CAD）是一种利用计算机软、硬件系统辅助人们对产品或工程进行设计的方法和技术，是一门多学科综合应用的新技术。常用的CAD软件有PKPM、MIDAS、SAP、3D3S等。

早期的AutoCAD针对的主要是二维图形的绘制，但是从R12版本开始，从平面到立体的思维方式转变成了从立体到平面的思维方式。从前设计者往往绘制的是建筑物的三维投影图，现在可以首先将脑海中建筑物的形体直接在AutoCAD的绘图空间中表达出来，然后再针对不同的平面获取这个形体的投影图或轴测图。

天正系列软件（图12-1）是对AutoCAD进行二次开发的软件之一，至今已经发展出天正建筑、电气、暖通、给排水、结构、装修、市政等一系列建筑工程相关软件。

3D3S主要是针对钢结构进行设计的软件。它可以对钢结构、空间张拉结构、膜材结构、幕墙结构、网架网壳结构以及塔桅结构等进行分析计算，如图12-2所示。

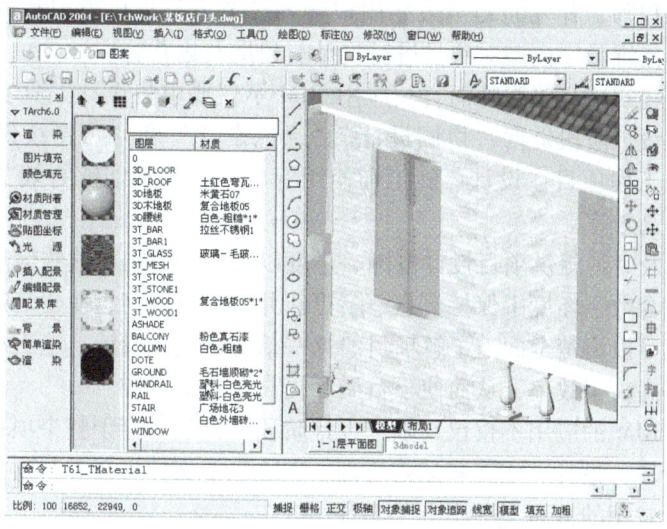

图 12-1 天正建筑 TArch 对建筑物模型表面材质进行设置

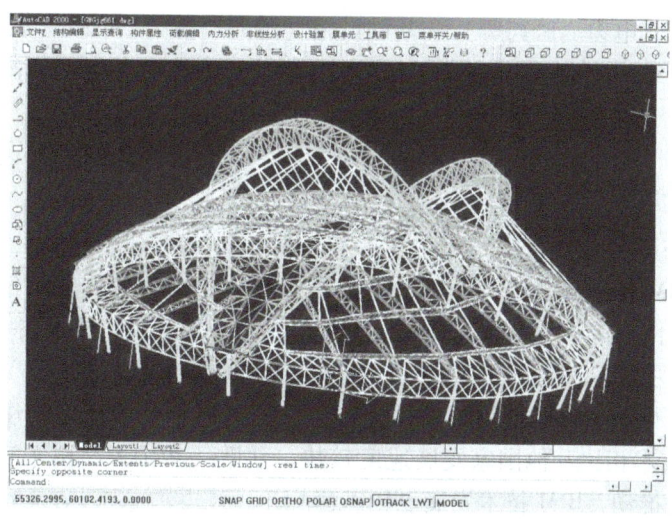

图 12-2 使用 3D3S 设计的体育馆模型

12.3 BIM 技术

12.3.1 BIM 简介

BIM（Building Information Modeling）即建筑信息模型，它是指通过数字信息仿真模拟建筑物所具有的真实信息。在这里，信息的内涵不仅仅是几何形状描述的视觉信息，还包含大量的非几何信息，如材料的耐火等级、材料的传热系数、构件的造价、采购信息等。实际上，BIM 就是通过数字化技术，在计算机中建立一座虚拟建筑，一个建筑信息模型就提供了一个单一的、完整一致的、具有逻辑的建筑信息库。

BIM 是基于三维数字设计解决方案所构建的"可视化"的数字建筑模型，为设计师、建筑师、水电暖工程师、开发商乃至最终用户等各环节人员提供模拟和分析的科学协作平台，帮助他们利用三维数字模型对项目进行设计、建造及运营管理。

对于设计师、建筑师和工程师而言，应用 BIM 不仅要求将设计工具实现从二维到三维的转变，还需要在设计阶段贯彻"协同设计""绿色设计"和"可持续设计"理念。其最终目的是使得整个工程项目在设计、施工和使用等各个阶段都能够有效节省能源、节约成本、降低污染和提高效率。

BIM 可以持续及时地提供项目设计范围、进度以及成本信息，这些信息完整、可靠、协调，并且能够在综合数字环境中保持信息不断更新并可提供访问，使建筑师、工程师、施工人员以及建设单位可以清楚全面地了解项目。这些信息在建筑设计、施工和管理的过程中能加快决策进度、提高决策效率，从而使项目质量提高，收益增加。

BIM 软件应用——Revit 软件界面介绍

BIM 的应用不仅仅局限于设计阶段，而是贯穿于整个项目全生命周期的各个阶段：设计、施工和运营管理。BIM 电子文件可在参与项目的各方间共享。

常用的 BIM 建模软件有以下几个。

1）Revit 建筑、结构和设备软件。常用于民用建筑。

2）Bentley 建筑、结构和设备系列。Bentley 产品常用于工业设计（石油、化工、电力、医药等）和基础设施（道路、桥梁、市政、水利等）领域。

3）ArchiCAD。ArchiCAD 常用于虚拟建筑信息模型的高级解析，简化建筑建模，提供基于 BIM 的施工文档解决方案。

12.3.2　BIM 技术在国内外土木工程行业中的应用

1. BIM 技术在国际上的应用

在国际上，BIM 技术从提出到完善，进而在工程建设中普遍应用，经历了几十年的历程。BIM 技术起初由挪威、芬兰、新加坡、美国等国家主导。BIM 技术在一些国家的建筑行业中逐渐发展成为主流。美国曾经实施了一个关于 BIM 的项目，主要是为了进一步实现技术转变、提高建筑行业中的经济效益和社会效益。英国强制要求在建筑建设中使用 BIM 技术，因此其 BIM 技术相比其他国家发展速度较快。北欧一些国家，由于当地气候要求及建筑信息技术软件的推动，BIM 技术发展也较迅速。

2. BIM 技术在国内的应用

我国对 BIM 技术的应用虽晚，但发展速度很快。目前，已经有很多地方采用 BIM 技术。例如上海世博会德国馆（图 12-3），其整体建筑由位于 12m 高的 Z 字形展厅、内设三层回廊

图 12-3　上海世博会德国馆

的圆形剧场、紧贴地块南侧呈倒 T 形的四层辅助用房（包括机房、办公、VIP 区、厨房及餐厅区等）组成。展厅部分是空间桁架，由 29 根圆形钢柱支撑；多功能演示厅是单独的建筑体量，由 24 根钢斜柱及若干环梁组成受力体系，并在第三层回廊的高度与展厅相连。整体空间关系比较复杂，但流线设计合理。

软件应用—施工现场平面布置（一）　　软件应用—施工现场平面布置（二）　　软件应用—施工现场平面布置（三）　　软件应用—施工现场平面布置（四）

思 考 题

1. 什么是 BIM 技术？BIM 的特点是什么？
2. 目前土木工程中应用的计算机软件有哪些？

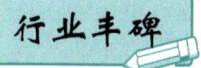

BIM 应用案例——广州周大福金融中心（东塔）

一、项目简介

广州周大福金融中心又名广州东塔（图 12-4）。该项目位于广州市珠江新城 CBD 中心地段，主体是带加强层的框架-筒体结构，总占地面积 2.6 万 m²，总建筑面积 50.77 万 m²。建筑总高度 530m，共 117 层。其中地上 112 层，建筑面积 35.9 万 m²；地下 5 层，深 28.7m。

图 12-4　广州周大福金融中心（东塔）

二、项目特点

该项目面临诸多难点：进度编制跟踪难、现场协调难；图纸统一管理与送审跟踪难；变更计量与收支对比工作量大；合同信息汇总、查询困难，缺乏时效预警；成本分析工作量大。

针对该项目建设中面临的诸多难题，中建股份东塔总承包项目部与广联达公司合作，积极引入 BIM 技术构建协同应用平台（图 12-5），通过 MagiCAD、GBIMS 施工管理系统等 BIM 产品应用取得良好成效，实现技术创新和管理提升。

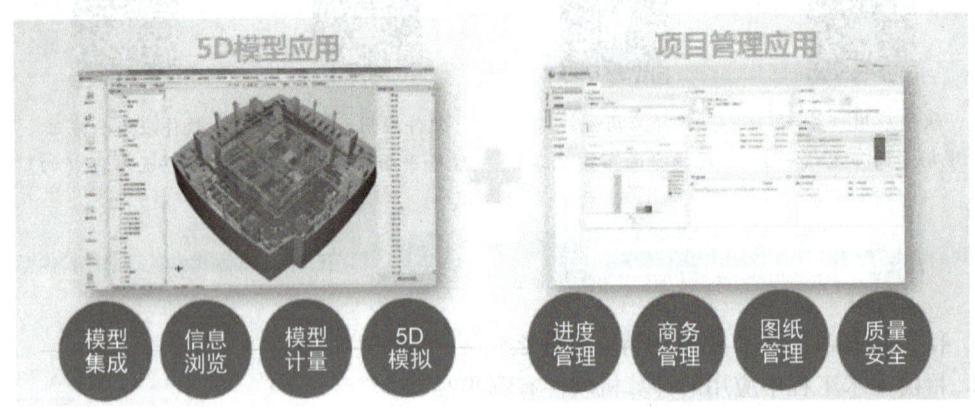

图 12-5　广州周大福金融中心 BIM 应用平台

通过应用 GBIMS 施工管理系统，该项目构建了 BIM 数据中心与协同应用平台，实现全专业模型信息及业务信息集成，多部门多岗位协同应用，为项目精细化管理提供支撑。

1. 项目 BIM 深化设计模型的数据集成

项目使用广联达 BIM 系统，将各专业模型导入平台中，实现各专业深化设计模型在平台中的准确集成，融合成全专业深化设计 BIM 模型，为后续基于 BIM 技术的工程管理提供统一、全面的工程数据集成管理平台。

通过 BIM 系统对项目图纸、图纸变更及其他文档进行统一归档和多版本管理，并实现快速定位和查询 BIM 模型构件对应的多专业图纸信息，解决图纸送审数量多、跟踪困难问题，实现深化图纸的统一管理和动态跟踪。

2. 专业深化与技术管理

该项目施工难度高、工序复杂，传统方式进行图纸会审、技术交底很难高效地发现问题、传递信息。项目部通过对 BIM 模型协同深化、碰撞检查提出优化建议，减少过程变更，借助 BIM 技术的可视化特点，利用 BIM 模型进行相关技术交底，更加高效准确地完成工程技术信息的交流及管理，有效提高项目技术管理水平。

3. 项目进度方案优化

为解决该项目进度编制跟踪难的问题，项目通过将进度计划与 BIM 模型相结合实现"目标设定——模拟优化——跟踪展现——分析调整"的进度管控流程，实时跟踪预警进度信息。

4. 项目合同系统化管理

合同履约跟踪可以实时了解总、分合同收支状况，实现合同文本快速查阅；利用 BIM 模型进行多维度查询工程量，为全过程成本控制提供参考依据；全方位实时收集信息，实现项目动态成本分析。

5. 借助 BIM 模型进行成本管理

项目导入工程成本信息并使其与模型进行关联，BIM 项目管理系统可根据进度计划选择模型的报量范围，自动计算工程量及报量金额，总包结算与各分包结算同样可以在 BIM 系统中完成。

三、项目评价

1. 成本节约
工期缩短、材料损耗低于行业基准值 30%~35%、5D 综合应用带来大幅的成本节约。

2. 管理提升
国内第一个成功应用 BIM+PM 系统的项目，有效提升管理水平，提高沟通效率，减少 20% 的沟通会议。

3. 技术提升
充分应用 BIM 进行施工模拟，保障超高层复杂节点、大型设备的施工与安装顺利进行。

4. 数据积累
该项目管理是将 BIM 技术和传统项目管理融合的成功试点，开创了国内超高层施工应用 BIM 集成数据库的先河，形成切实可行的 BIM 实施方法，积累形成企业内部大数据库，对管理和决策效率有明显提高，为项目精细化管理开辟了一条新途径。

➡ **职业启示**：BIM 技术的不断发展在很大程度上减少了设计师的后期设计工作，使整个项目的推进更加紧密，能够让项目参与人员在这个平台上协调稳定地开展工作，不仅能够提高人员的工作效率，而且也避免了因为前期的工作不当所导致的工期延误以及资源浪费等情况。BIM 技术为项目全过程的方案优化和科学决策提供依据；支持各专业协同工作、项目的虚拟建造和精细化管理，为建筑业的提质增效、节能环保创造条件。

目前，BIM 在建筑领域的推广应用还存在着政策法规和标准不完善、发展不平衡、应用软件不成熟、技术人才不足等问题，有必要采取切实可行的措施，推进 BIM 在建筑领域的应用。

参 考 文 献

[1] 俞家欢，于群．土木工程概论［M］．北京：清华大学出版社，2016．
[2] 熊峰．土木工程概论［M］．2版．武汉：武汉理工大学出版社，2019．
[3] 周新刚．土木工程概论［M］．2版．北京：中国建筑工业出版社，2022．
[4] 戴晶晶，贾晓东．土木工程概论［M］．成都：西南交通大学出版社，2016．
[5] 于吉太．土木工程概论［M］．南京：东南大学出版社，2019．
[6] 朱彦鹏，王秀丽．土木工程导论［M］．2版．北京：化学工业出版社，2021．
[7] 王晨光．装配式建筑现状与发展对策分析［J］．晋城职业技术学院学报，2020．
[8] 于燕，张俊刚．隧道施工技术［M］．武汉：武汉理工大学出版社，2018．
[9] 汪武芽．城市轨道交通概论［M］．北京：机械工业出版社，2020．
[10] 李继明，蔡小玲．基于职业核心能力培养的建筑工程技术专业课程体系构建与实践［J］．高等建筑教育，2014，23（5）：13-18．
[11] 应仁仁，王伟，王强，等．BIM技术应用实务［M］．北京：机械工业出版社，2021．
[12] 陈正．土木工程材料［M］．北京：机械工业出版社，2020．
[13] 谢海舰．课程思政在土木工程专业中的实践与探讨［J］．现代职业教育．2021（42）：74-75．
[14] 何剑飞，章国平．高职院校土木工程专业国际化人才培养现状、问题及路径［J］．职业教育研究，2020（6）：24-29．
[15] 艾学明．建筑材料与构造［M］．3版．南京：东南大学出版社，2021．
[16] 高霖，王明振．面向执业资格认证制度的土木工程专业教学改革［J］．教育教学论坛，2017（4）：140-141．
[17] 杨太生．地基与基础［M］．4版．北京：中国建筑工业出版社，2017．
[18] 韩阳，刘泉，张杰，等．装配式建筑叠合板施工技术［J］．施工技术，2020，49（22）：58-63．
[19] 赵巧明，孙虎，赵树青．桥梁施工技术［M］．武汉：华中科技大学出版社，2019．
[20] 赵学荣，陈烜．土木工程施工［M］．2版．北京：清华大学出版社，2020．
[21] 张雪丽．市政道路工程施工［M］．北京：北京大学出版社，2016．
[22] 张美娟．基于BIM的高职土木工程课程体系教学改革［J］．四川水泥，2020（6）：312；17．
[23] 李晟铭．我国城市轨道交通发展现状与分析［J］．中国设备工程，2020（20）：235-237．
[24] 苏冰琴，岳秀萍．建筑给水排水工程［M］．北京：中国建筑工业出版社，2021．
[25] 汤万龙，胡世琴．建筑给水排水系统安装［M］．3版．北京：机械工业出版社，2022．
[26] 姚昱晨．市政道路工程［M］．3版．北京：中国建筑工业出版社，2018．
[27] 朱栋，苗磊刚．地铁盾构施工技术［M］．北京：化学工业出版社，2021．
[28] 张晨霞，孙武斌．建筑材料［M］．北京：机械工业出版社，2020．
[29] 陈岩，黄非．土木工程概论［M］．2版．武汉：武汉理工大学出版社，2019．
[30] 李科．土木工程专业应用型人才培养模式探究［J］．四川职业技术学院学报，2020，30（2）：153-155．
[31] 崔京浩．精编土木工程概论［M］．北京：中国水利水电出版社，2015．

［32］叶继红．土木工程防灾［M］．北京：中国建筑工业出版社，2018．
［33］汪雄进，唐少玉．建设工程项目管理［M］．重庆：重庆大学出版社，2020．
［34］孙仲健．BIM技术应用：Revit建模基础［M］．北京：清华大学出版社，2018．
［35］康荣冰．BIM技术在建筑工程施工管理中的应用［J］．湖南工业职业技术学院学报，2020，20（6）：24-25．
［36］梅杨，夏文杰，于全发．建筑材料与检测［M］．2版．北京：北京大学出版社，2015．
［37］崔辉，刘翔，王潭．建筑材料［M］．武汉：武汉大学出版社，2021．